ときめく薔薇図鑑

文：元木はるみ　写真：大作晃一

＊薔薇の漢字表記は中国では一季咲きの野生バラやツルバラを指しますが、
本書ではタイトル『ときめく薔薇図鑑』に基づき、固有名詞以外のバラを薔薇と漢字表記しています。
＊薔薇の名前は一般的な表記を採用していますが、各社によって異なる場合がありますので、ご了承願います。

はじめに

ようこそ、薔薇が醸しだすときめく世界へ

薔薇と暮らし始めてから、「ときめき」を伴った
薔薇との時間を多く過ごしてきました。
例えばそれは、目の前の美しい薔薇や香りに
心奪われた時間だったり、暮らしに活用して楽しんだり……
薔薇の歴史を紐解けば、「ときめき」を伴った薔薇時間は、
遥かむかしから存在していました。
ぜひ、現代も輝きを放ち続ける薔薇たちから、
「ときめき」をたくさん受け取って頂きたいと思います。
本書がそのお手伝いになることを願って。

story 1 薔薇の記憶

現在、約3万品種あると云われている薔薇。
そのうち野生種の薔薇は約１５０～２００種、
すべてが北半球で誕生。
多くの人々をひきつけてきた高貴な花姿、
優雅な香り……
薔薇が醸しだす魅惑の世界へご案内します。

Memory
1
世界史に登場する薔薇

薔薇はバラ科バラ属の植物で、現在約3万品種あると云われます。アメリカのコロラド州やオレゴン州で発見された薔薇の化石は、７０００〜３５００万年前の中世代白亜紀から新生代第三紀始新世の地層からみつかっています。

世界で最も古い薔薇の記述は、紀元前２６００年頃に古代シュメールの都市国家ウルクに実在した王ギルガメッシュを主人公に描いた「ギルガメッシュ叙事詩」（紀元前２０００年頃成立）とされています。また最も古い薔薇の絵は、紀元前１５００年頃に描かれたギリシャ、クレタ島、クノッソス宮殿から発掘されたフレスコ画「青い鳥のいる庭園」（イラクレオン考古学博物館蔵）とされています。描かれた薔薇は、小アジアからエーゲ海の東南の端にあるロードス島を経てクレタ島に来たものと考えられ、ロードス島はギリシャ語で〝ロドン〟といい、これは薔薇を意味します。その後、ローマ時代の壁画に描かれた薔薇、イギリスの薔薇戦争（チューダーローズの紋章へ）など数奇な歴史を経て、イタリアのルネッサンス期の絵画、フランスのナポレオン1世の妃ジョセフィーヌの薔薇へと語り継がれます。

薔薇の歴史を紐解く5つのキーワード

1 ローマ時代の壁画の薔薇

初代ローマ皇帝アウグストゥスの妃となるリヴィアが、紀元前30～25年頃に建てた別荘の食堂の壁画には、ザクロ、ナツメヤシ、カモミール、月桂樹等と共に、ロサ・ガリカと思われる薔薇が描かれています。

2 薬用、香料としての薔薇

薔薇は古代ペルシャで栽培が始まり、主に薬用、香料として利用され、中近東やギリシャ、ローマに引き継がれました。ロサ・ガリカ・オフィキナリスはアポテカリーローズ（薬用の薔薇）と呼ばれています。

3 薔薇戦争

1455年から30年間続いたイギリスの王位継承権争いはヨーク家が白薔薇（ロサ・アルバ）、ランカスター家が赤薔薇（ロサ・ガリカ・オフィキナリス）を紋章に用いたため薔薇戦争と呼ばれます。

4 サンドロ・ボッティチェリ

ルネッサンス初期の画家サンドロ・ボッティチェリは、メディチ家の庇護を受け、「ヴィーナス誕生」や「春」を描き、絵の中にガリカ系、ケンティフォリア系、アルバ系の薔薇が克明に描かれています。

5 ジョセフィーヌと『バラ図譜』

フランス皇帝ナポレオン1世の妃ジョセフィーヌは、マルメゾン宮殿に世界中から約300品種の薔薇を集め、宮廷画家ルドゥーテに薔薇の絵を描かせ、その後、ルドゥーテは『バラ図譜』を刊行。

Memory

2

薔薇を愛した人々

薔薇は、遥かむかしから人々を魅了し続けてきました。特に、古代ギリシャの文化人、その影響を引き継いだローマ人は、薔薇への情熱を表す「ロザリア」という名の休日まで作り、街の角には薔薇の花弁を浮かべた甕を置き、公衆浴場には薔薇の花弁を浮かべ、枕の中にも薔薇の花弁が詰められ、薔薇の花弁を浮かべたワインを飲み、薔薇のプディングを食べたほど、薔薇のある暮らしを楽しんでいたようです。

エジプト最古の農耕文化の遺跡ファイユームの墓跡から、約７０００年前の薔薇の花輪が発見されています。古代シュメールの都市国家ウルの王立の果樹園では、薔薇がブドウ、イチジクと共に栽培されていたとのことです。１８８８年には英国の考古学者サー・フリンダーズ・ペトリーがエジプトの遺跡の墓跡から、５弁の花々で作られたリースを発見、「ロサ・サンクタ」という薔薇ではないかとされました。

薔薇はまた古代エジプトで愛と運命の守護神として崇拝され続けている女神イシスに捧げられた花々のひとつでした。ギリシャ神話に於いて薔薇は、愛と美の女神「ヴィーナス」の愛と喜びと美と純潔を象徴し、イスラム教やキリスト教などの宗教のあらゆるシーンにも登場しています。

薔薇の魔法に魅せられ、歴史に名を残す人々

1

ホメロス

紀元前8世紀頃の古代ギリシャの詩人ホメロス著、世界最古の叙事詩『イリアス』には、「アフロディーテがバラの香油をぬり……」と書かれ、若い人の美しさを「薔薇の頬」と表現しています。

2

サッフォー

紀元前7世紀後半の古代ギリシャの女流詩人サッフォーは、「薔薇は、花々の女王、その香りは恋の吐息」と謳っています。

3

アナクレオン

紀元前6世紀頃、ギリシャの抒情詩人アナクレオンが、「薔薇なる花は恋の花、薔薇なる花は愛の花、薔薇なる花は花の女王」と詠んでいます。

4

クレオパトラ

紀元前1世紀、女王クレオパトラはローマの将軍シーザーやアントニウスを迎える時、薔薇の花弁を敷き詰めて歓待。大量の薔薇水を浴びていたとも伝えられ、エジプトでの薔薇栽培の隆盛さを物語ります。

5

皇帝ネロ

紀元1世紀、ローマ帝国第五代皇帝ネロの薔薇狂いは有名で、薔薇の冠をかぶり、宮殿の晩餐会では部屋を薔薇で飾り、花弁のシャワーに埋もれて賓客の一人が窒息死してしまった等の逸話を残しています。

Memory 3

日本で開花した薔薇

薔薇に関する日本最古の文献は、721年頃成立の『常陸風土記』で、「うばら」と記され、『万葉集』には、「うまら」、『古今和歌集』には「さうび」と記されています。「さうび」とは、中国の「薔薇」の音読みであることから、この頃に中国の薔薇が日本にやってきたことが推測されます。中国では「薔薇」は一季咲きの野生種やツルバラ、「月季」は四季咲きの木立ち性のバラ、「長春」は文学的表現のバラを意味します。

平安時代の『枕草子』や『源氏物語』にも「そうび」の記述、藤原定家の『明月記』に「長春花」とあり、中国由来のコウシンバラ（月季花）のことが記されています。

絵画では藤原氏の氏神である春日大社の由来と霊験譚を描いた『春日権現験記』に月季花を見ることができます。江戸時代になると数々の園芸書が出版され、日本初の植物図鑑『本草図譜』では、当時の日本に存在した薔薇などを知ることができます。

明治以降、外国人居留地等から広まっていった「洋の花」の中の薔薇への憧れ等も相まって、薔薇を栽培することへの人気が高まっていきました。花卉品評会が開催され、薔薇が出品されるようになり、明治後期には、東京近郊で温室が作られ切り花用の薔薇栽培が始まりました。

中国の薔薇から西洋の薔薇へ、憧れがもたらした宝物

1

常陸風土記

721年に成立した『常陸風土記』の茨城群条には、「穴に住み人をおびやかす土賊の佐伯を滅ぼすために、イバラを穴に仕掛け、追い込んでイバラに身をかけさせた」と記されています。

2

万葉集

たった1句ですが「道の辺のうまらの末に這ほ豆の からまる君を別れ行かむ（丈部鳥巻20－4352番）で「うまら」の記述があり、別れの心情を詠んでいます。

3

支倉常長と薔薇寺

遣欧使節団大使となった支倉常長が、ヨーロッパより持ち帰ったとされる西洋の薔薇の画が、宮城県松島「円通院」の国指定重要文化財「三彗殿」の厨子に描かれています。

4

長崎 グラバー園

グラバー園内にある天草出身の職人小山秀之進が、1865年に施工したものと云われる旧オルト邸では、樹齢100年を越すと云われる日本最古のモッコウバラがまだ生きています。

5

横浜港

1859年に横浜港が開港し、横浜山手地区にも外国人居留地が出来ました。その町の外国人の家の庭で咲く「西洋の薔薇」は、美しい花を咲かせ、周囲の日本人は「イバラボタン」と呼び、羨望の眼差しで見ていたとか。

Memory 4

薔薇の分類と咲き方

薔薇を大きく分類するならば、①野生種　②オールド・ローズ　③モダン・ローズ（現代バラ）の三つに分けられます。野生種の薔薇は150〜200品種あると云われていますが、モダンローズ（現代バラ）誕生に貢献した主な原種の薔薇を紹介します。原種とは、薔薇の品種改良に貢献した野生種のことをいいます

ロサ・ガリカ　最も古いヨーロッパの野生種で、赤い薔薇の祖

ロサ・ダマスケーナ　ダマスク香の芳香品種のあるバラの誕生に貢献

ロサ・モスカータ　多花性の薔薇の誕生に貢献

ロサ・キネンシス　四季咲き性のある薔薇の誕生に貢献

ロサ・キネンシス・ミニマ　ミニバラの祖で、様々なミニバラの園芸品種やポリアンサローズの誕生に貢献

ロサ・ギガンティア　剣弁の花弁と紅茶の様な香り成分ジメトキシメチルベンゼン（ティーローズ・エレメント）のあるバラの誕生に貢献

ロサ・カニナ　ドッグローズと呼ばれるヨーロッパの園芸品種の台木

ロサ・ムルティフローラ　ノイバラ。日本の園芸品種の台木。19世紀初頭にヨーロッパに渡り、ランブラーローズやポリアンサローズの作出にも貢献

ロサ・ウィクライアーナ　テリハノイバラ。19世紀末に仏や米に渡り、ツルバラの誕生に貢献

ロサ・フェティダ　黄色い薔薇の誕生に貢献

ロサ・ルゴサ　耐寒性のある薔薇の誕生に貢献

主な薔薇の咲き方いろいろ

1 シングル咲き

5枚の花弁が平咲き風になり、シベを見せて花開き、軽やかで可憐な印象です。野生種だけでなく、園芸品種でも好まれてたくさん作出されています。

2 セミダブル咲き

花弁はシングル咲きを倍にしたような枚数で平咲き風になり、シベを見せて花開きます。こちらも可憐な印象で、人気のある花型です。

3 カップ咲き

外側の花弁が内側に少し湾曲していて、中の花弁を支えているような咲き方で花開きます。湾曲が強いとディープカップ咲き、浅いカップはシャローカップ咲きといいます。

4 ロゼット咲き

オールドローズに多い花型で、花弁が多く、クシュクシュとした状態でありながら、優雅な花姿をしています。4つに花芯が割れる咲き方をクォーターロゼット咲きといいます。また、緩やかなロゼット状の薔薇もあります。

5 剣弁高芯咲き

花弁の先がロサ・ギガンティア譲りの尖ったところのある花弁となり、花の中心が高く咲く咲き方です。HT等のモダンローズの花型に多く、整った時の花型は大変美しい。剣弁咲きよりやや尖った部分が緩やかな半剣弁咲きもあります。

Memory 5

オールドローズ・モダンローズ系統とグループ分け

主なオールドローズの系統

G（ガリカ系） 最も古くからあるバラ、ロサ・ガリカを起源とする品種群。

D（ダマスク系） ロサ・ガリカとロサ・モスカータ、ロサ・フェドチェンコアーナ等諸説ある交雑で生まれた品種群。

A（アルバ系） ロサ・カニナとダマスク系の品種の交雑で生まれた品種群。

C（ケンティフォリア系） ダマスク系品種とアルバ系品種の交雑で16世紀頃に生まれた品種群。

M（モス系） ケンティフォリア系品種の突然変異で17世紀末頃生まれた品種群。

Ch（チャイナ系） 中国のロサ・キネンシスを起源とする品種群。

P（ポートランド系） オータム・ダマスクとスレイターズ・クリムソン・チャイナの交雑で生まれたと推定。基本品種ダッチェス・オブ・ポートランド（1800年）をポートランド侯爵夫人がイタリアで見つけ、イギリスに持ち帰ったとされる。

N（ノワゼット系） ロサ・モスカータとオールド・ブラッシュの交雑で生まれたとされるチャンプニーズ・ピンク・クラスター（1811年）が基本品種。このバラの実生品種ブラッシュ・ノワゼットがノワゼット兄弟により仏で広められた。

B（ブルボン系） 植物学者ブレオンによってブルボン島で発見されたオータム・ダマスクとチャイナローズの交雑で生まれたと推定されるローズ・エドゥアール（1819年以前）を基本品種とする品種群。

T（ティー系） 中国のヒュームズ・ブラッシュ・ティー・センティッド・チャイナ、または、パークス・イエロー・センティッド・チャイナを片親にして作出された品種群。

HArv（ハイブリッド・アルウェンシス系） ヨーロッパの原種ロサ・アルウェンシスの交雑品種。Ayrshire（エアシャー系）とも云われる。

HMult（ハイブリッド・ムルティフローラ系） アジアの原種ロサ・ムルティフローラ（ノイバラ）の交雑品種群。

HSet（ハイブリッド・セティゲラ系） 北米の原種ロサ・セティゲラの交雑品種群。

HP（ハイブリッド・パーペチュアル系） ポートランド系、ノワゼット系、ブルボン系、ティー系の品種の交雑品種群。

モダンローズ（現代バラ）の系統

1867年、フランスのギヨーがモダンローズ第1号「ラ・フランス」を作出し、それ以後のバラをモダンローズ（現代バラ）としたアメリカ・バラ会が提唱する説が一般的となっています。

HT（ハイブリッド・ティー系） ハイブリッド・パーペチュアルローズとティーローズの交配と推測される、1867年に生まれたラ・フランスが第1号。

Cl HT（クライミング・ハイブリッド系） ハイブリッド・ティー・ローズの突然変異で生まれたつる性のバラの品種群。

Min（ミニチュア系） ロサ・キネンシスの突然変異で生まれた矮生のロサ・キネンシス・ミニマを祖とする交配品種群。

Pol（ポリアンサ系） ノイバラとロサ・キネンシス・ミニマの交配種パケレット（1875年）が第1号。

F（フロリバンダ系） ポリアンサローズとハイブリッド・ティー・ローズの交配で生まれた品種群。

Gr（グランディフローラ系） ハイブリッド・ティー・ローズとフロリバンダローズの交配によりアメリカで生まれた品種群。

HMsk（ハイブリッド・ムスク系） ロサ・モスカータを交配親に用いた交配品種群。

HRg（ハイブリッド・ルゴサ系） ロサ・ルゴサ（ハマナス）を片親にして交配されて生まれた品種群。

S（シュラブ系） 広義では半つる性のバラを、狭義では半つる性のバラのなかのシュラブ（モダン・シュラブ）という系統を指します。

HWick（ハイブリッド・ウィクライアーナ系） ロサ・ウィクライアーナ（テリハノイバラ）の交配品種群。

CL（クライミングローズ系） つる性のバラで、様々な交配や、木立ち性のバラからの枝替わりで誕生した系統。

HBrun（ハイブリッド・ブルノニー系） 中国西部やブータン、ネパールに自生するロサ・ブルノニーの交雑品種群。

Patio（パティオ系） ミニチュアローズとフロリバンダローズを交配して生まれた品種群。

＊野生種全てＳＰ

story

2 薔薇が好き

カップやロゼットといった独特の咲き方、
棘をまとい全身からあふれる優雅な佇まい、
そして芳しい香り……。
時には俯き加減に清楚な花を咲かせ、
時には凛として青空に向かって大輪を広げる。
可憐な花姿に、人々は魅了され息をのむ。

世界中で愛される
薔薇の世界を覗いてみると

Story2「薔薇が好き」では、ルドゥーテが描く『バラ図譜』のような
図鑑風の写真と満開に咲き誇る生態写真、栽培暦30年という著者の
“薔薇愛”に満ちた文章が、奥深い薔薇の世界へと誘います。

1 カテゴリー

従来の薔薇の関連本にはなかった、著者独自の目線で薔薇をカテゴライズしています。

憧れの薔薇　ビギナー向けで名前がよく知られ、美しく育てやすい薔薇を選びました。

香る薔薇　薔薇にはさまざまな香りがあります。6つの香りの薔薇を紹介しています。

- ダマスク香：ダマスクローズを基にした香りで、深く濃厚な華やかで甘い香り。
- フルーティー香：桃、洋梨、リンゴ、パイナップル、柑橘系等、フルーツを思わせる甘く爽やかな香り。
- ティー香：ソフトで上品な紅茶のような爽やかな香り。
- スパイシー香：スパイスのクローブ（丁子）のような香り。
- ミルラ香：セリ科のハーブ、スイートシスリー（別名ガーデンミルラ）のアニスのような香り。
- ブルー香：青バラの品種が持つ特有の香りで、ダマスクにティーが混ざったような爽やかで甘い香り。

身近な薔薇　ベランダなどで初心者にも育てやすい薔薇を紹介しています。

彩りの薔薇　つる性の薔薇でアーチや門柱などを彩る薔薇です。

他にも、おいしい薔薇、お菓子の名前の薔薇、絞り模様の薔薇、ガクが美しい薔薇、アレンジメント向きの薔薇、ローズヒップが楽しめる薔薇など

❷ 名前

A: キャッチコピー　薔薇の個性を捉えて説明します。
B: 薔薇の通称名日本国内で使用されている名前です。
C: 学名　世界共通の名前です。

❸ 薔薇の写真

満開に花開いたときの花びらの枚数や形が分かるだけでなく、葉っぱや棘の様子なども分かるように、白バックで撮影しました。

❹ ストーリー

著者による“薔薇愛”に満ちた紹介文章です。薔薇の香りや咲き方、育て方だけでなく、名前の由来や秘められた歴史など、ときめきのポイントをコンパクトにまとめています。

❺ 生態写真と解説文章

著者の庭に咲いている状態の写真を中心に掲載しています。その時のちょっとした気づきを短めのキャプションにまとめました。

❻ データ

系統名 系統に基づいてアルファベットで表示しています。詳細な内容についてはP14をご覧ください。
咲き方 シングル咲き、セミダブル咲き、カップ咲き、ロゼット咲き、剣弁高芯咲きなど薔薇の花の咲き方を表わします。いずれにも属さないものや2種類の咲き方が混ざったものなどもあります。解説はP12を参照ください。
作出国 薔薇が作られた国名です。和名でしかも省略しています。
作出年 薔薇が作出された年で、薔薇のルーツを知る上で貴重な資料になります。
作出者 その薔薇を作った人物の名前であり、商標登録されています。

❼ 咲き方のイラスト

シングル咲き

カップ咲き

ロゼット咲き

クォーター咲き

セミダブル咲き

剣弁高芯咲き

波状弁咲き

薔薇の豆知識

一季咲き 春だけ花を咲かせる薔薇のことです。
四季咲き 春から秋にかけて花を咲かせる薔薇のことです。夏には花が少なくなります。地域によっては晩秋に薔薇の花を見かけることもあります。

ウィズリー2008

ゴールデン・ボーダー

夕霧

ザ・ダーク・レディ

プリンセス・シャルレーヌ・
ドゥ・モナコ

オリビア・ローズ・オースチン

マリア・テレジア

シャングリラ

ダフネ

シェエラザード

ボウ・ベルズ

デスデモーナ

ザ・ダーク・レディ

The Dark Lady

華やぐ貴婦人の装い

系統名	S
咲き方	大輪ロゼット咲き
作出国	英
作出年	1991年
作出者	David Austin

大輪ロゼット咲きの花は、クリムゾンで咲き始め、時間の経過と共に、ダーククリムゾンへと変化します。春から秋にかけて花付きがよく、秋の花はより深みを増します。高さ約150cmほどの横張りの樹形を形成し、伸びやかな枝の先に花を付けます。「ザ・ダークレディ」の名前は、シェイクスピアのソネット集の登場人物4人のひとり、「美青年」を誘惑する「黒い貴婦人」に由来。

見惚れてしまうほどの大輪の春の一番花は、毎回一年の苦労を忘れさせてくれるほど、見応えがあります。

清く、気高く、美しく

プリンセス・シャルレーヌ・ドゥ・モナコ

Princess Charlene de Monaco

パステルピンクにオレンジがかる光沢のある花弁は、徐々に淡いサーモンピンクに変化します。カップの中で緩やかなフリルのような波を打ち、ＨＴといってもアンティークで華やかな花型です。豊かな香りを放ち、品格と可愛さを兼ね備えたこの美しいバラは、モナコ公国の君主アルベール2世の妃、シャルレーヌ大公妃に捧げられました。樹高約１５０cmの半直立性の樹形の四季咲き性。

系統名	HT
咲き方	波状弁カップ咲き
作出国	仏
作出年	2014年
作出者	Michèle Meilland Richardier

大輪で香りよく、洗練されたこちらの薔薇は、育てやすく扱いやすいモダンローズの魅力に満ちています。

系統名	S
咲き方	カップ～シャローカップ咲き
作出国	英
作出年	2008年
作出者	David Austin

包み込むような気品あふれる

ウィズリー2008

Wisley 2008

中輪のピュアで優しいソフトピンクの花は、外側が白く透き通るように咲きます。カップ型で咲き始め、ロゼット状でシャローカップの花型に整います。四季咲きで、樹高は約150㎝、直立性のブッシュ状にまとまる樹形は手入れがし易く、扱いやすいです。英国サリー州にある様々な植物が植栽された「英国王立園芸協会」所有の庭園「ウィズリーガーデン」に因んで命名されました。

細めの枝を上にすっと伸ばし、形の良い樹形を形成します。丈夫で大変扱いやすく、花壇の前方向きです。

透明感のある淡いピンクが魅力

オリビア・ローズ・オースチン

Olivia Rose Austin

ソフトピンクの整ったカップ～シャローカップの花は、どこか乙女椿にも似て、斜め上を見つめながら咲き続け、花持ちがとても良いです。約１ｍの樹高で、花付き良く、耐病性にも優れ、豊かな香りを放ちます。作出者が「今までご紹介した薔薇の中でもベスト品種といえるかもしれません。」と言うのが実感出来る薔薇です。デビッドＪ・Ｃ・オースチンの娘さんの名前が付いた特別な薔薇です。

系統名	S
咲き方	カップ～シャローカップ咲き
作出国	英
作出年	2014年
作出者	David Austin

花付き、花持ち、花型、花色、香りと揃ったこちらのバラは、地植えでも鉢植えでも元気に育ちます。

系統名	F
咲き方	小〜中輪カップ咲き
作出国	和蘭
作出年	1993年
作出者	Havabog

元気に咲いて育てやすい

ゴールデン・ボーダー

Golden Border

まるで満員電車のように一房にぎゅうぎゅうに混み合う姿も愛らしく、丈夫で信頼性の高い品種です。

明るく元気でクリアなレモンイエローの花を一枝にたくさん咲かせ、みごとな房咲きを形成します。順に咲き殻を取り除いていきながら、長くお花を楽しむことが出来ます。樹高は約１m前後で直立性の樹形ですが、花付きがとても良く、花壇の前方やボーダーに適しています。四季咲き性、花持ち、耐病性に優れ、刺も少ないですので、初心者にとって、とても育てやすい品種のひとつです。

夕霧

Yuugiri

花首が伸び凛と咲く

系統名	HT
咲き方	剣弁高芯咲き
作出国	日
作出年	1987年
作出者	鈴木省三

絣《かすり》のような花色に惹かれ、家に迎えました。他の植物達との調和も嬉しいＨＴです。

白地の花弁の先に淡いピンクの覆輪が乗り、その白とピンクの境が淡く溶け合う様は、まさに「夕霧」の命名にぴったりです。蕾から開ききるまでの間、どの場面でも美しさが感じられます。樹高は約１２０㎝で、ＨＴの特徴である花首はまっすぐと上に伸び、花も上を向いて凛と高芯に花開きます。繊細な花色のＨＴをお探しならいかがでしょうか。四季咲き性で秋はピンクが濃く出ることがあります。

幾重にも波打ち、名曲を奏でる

シェエラザード

Sheherazad

この薔薇の不思議な魅力は、ローズピンクとグリーンが僅かに乗る白い蕾が、開花するとまるで隠していたかのような濃い青みがかったローズピンクの花が表れます。そして、尖った弁先の波打つ花弁とダマスクの香り。徐々に外側の花弁は柔らかで薄い色合いに変化していきます。一株の中にドラマチックな変化があるこちらの薔薇は、アラビアンナイトのヒロインの名が付けられています。

系統名	S
咲き方	波状弁咲き
作出国	日
作出年	2013年
作出者	木村卓功

花壇の中でこちらの薔薇に、よくはっとさせられます。それは光を受けて、より色の濃淡が出る時です。

デスデモーナ

Desdemona

花芯が愛らしい清楚な薔薇

系統名	S
咲き方	中輪オープンカップ咲き
作出国	英
作出年	2015年
作出者	David Austin

始めのコロンとしたカップ咲きも、開いてシベを見せながら咲く姿もどちらも可愛くて、しかも丈夫です。

パウダーピンクの蕾が開くと、中輪のパウダーホワイトの緩いカップ咲きのお花が咲いて、徐々に白へと変化します。シェイクスピアの戯曲「オセロ」の登場人物で、不運な死を遂げるオセロの妻デスデモーナの名が付いたこの薔薇を見ていると、儚げな花色が登場人物と重なって見えてくるから不思議です。ですがこちらの薔薇は、耐病性に優れ、花付き良く、四季咲き性も強いです。

花色のグラデーションが見どころ

ダフネ

Daphne

優雅に大きく波打つ、花持ちの良い優しいサーモンピンクの花弁は、時間の経過と共に光沢を纏いながら淡くグリーンがかります。暑さに強く、真夏でも元気に花を咲かせます。樹高は約１６０cm、樹形は横張りに枝を広げますので、低いフェンスにも向いています。ギリシャ神話に登場する、アポロンに求愛されながらも、月桂樹に身を変えたダフネの名を冠しています。

系統名	S
咲き方	波状弁中輪咲き
作出国	日
作出年	2014年
作出者	木村卓功

この薔薇の一番の凄さは、他の薔薇が弱る真夏の猛暑の中でも連続的に咲き続けるところです。

ネーミングも花姿もエレガント

マリア・テレジア

Mariatheresia

系統名	F
咲き方	中輪ロゼット咲き
作出国	独
作出年	1997年(2003年発表)
作出者	Hans Jürgen Evers(Tantau 発表)

次から次とシュートを出し、横張りのまとまりの良い株を形成します。高さも扱いやすい1m前後です。

マリー・アントワネットの母君で、子だくさんで知られる女帝マリア・テレジアの名を冠した薔薇は、花付き、花持ち共に優れます。ドイツの薔薇は、非常に強健な品種が多いことで知られますが、こちらの薔薇も、とても強健で育てやすい薔薇です。四季咲き性も強く、横張りの樹形に、少し遅咲きの中輪の優雅なロゼット咲きの優しいピンクの花が房咲きとなり、花期も長く楽しめます。

心が和む優しい一重咲き

シャングリラ

Shangri-La

系統名	S
咲き方	波状弁中輪シングル房咲き
作出国	日
作出年	2013年
作出者	木村卓功

シングル咲きでも何かが他とは違う気がして、よく見てみると「飾り弁」が付いたお洒落な薔薇でした。

温かみのあるクリアなピンクの花弁は、ひらひらと波打ち、軽やかで楽しげに舞うようです。シングルだったか、セミダブルだったか、いつも記憶が曖昧になるのですが、よく見るとシングルに飾り弁が加わった珍しい咲き方をしています。咲き殻をそのままにしておけば、秋には丸いしっかりとしたローズヒップがたくさん実ります。四季咲き性で耐病性も強く、鑑賞価値の高い品種のひとつです。

ネーミングにふさわしい花姿

ボウ・ベルズ

Bow Bells

系統名	S
咲き方	セミダブルカップ咲き
作出国	英
作出年	1991年
作出者	David Austin

枝は切っても切ってもすぐ伸びて、その樹勢には本当に驚きます。ベルのようなコロンとした花も可愛い。

ベルのような、明るいクリアピンクのセミダブルのカップ咲きの花が房咲きとなって、伸びやかな枝の先に花を咲かせます。四季咲き性で耐病性に優れ、樹勢も旺盛ですので、花壇の後方向きです。イギリスの建築家クリストファー・レンが手がけたロンドンの中心地に建つ教会「セイント・メアリー・ル・ボウ教会」の尖塔正面にあるのが「ボウの鐘」であり、こちらのバラの名前になっています。

メアリー・ローズから2つの枝替わり

メアリー・ローズ

系統名 S
咲き方 ロゼット咲き
作出国 英　作出年 1983年
作出者 David Austin

ルドゥーテ

系統名 S　咲き方 ロゼット咲き　作出国 英
作出年 1992年　作出者 David Austin

ウィンチェスター・
キャシードラル

系統名 S　咲き方 ロゼット咲き
作出国 英　作出年 1988年
作出者 David Austin

枝替わりとは、従来の品種の枝から別な品種の枝が出て、従来の品種とは異なる花が咲くことです。例えば、イングリッシュローズのメアリー・ローズ（ヘンリー8世の旗艦が400年以上を経て、引き上げられたことに因んで命名）は、緩やかな大輪ロゼット咲きのローズピンクの花を咲かせますが、枝替わりのウィンチェスター・キャシードラル（642年創建のウィンチェスター大聖堂に因んで命名）は、蕾は赤く、薄いパウダーピンク、花開くと清らかな白いロゼット咲きのお花に。メアリーローズのもうひとつの枝替わりルドゥーテ（「バラ図譜」や「美花選」を描いたフランス宮廷画家ピエール＝ジョセフ・ルドゥーテの名を冠した薔薇）は、花色が薄いパウダーピンクで、散り際にはほとんど白になります。

「ベルサイユのばら」

作出者は全てMeilland

ベルサイユのばら

真紅の花弁はビロードのようになめらかでベルばらを象徴する。系統名 HT 咲き方 剣弁高芯咲き 作出国 仏 作出年 2012年

アンドレ・グランディエ

ふちに行くに従って淡い色彩になる優しげな黄色い薔薇。系統名 HT 咲き方 丸弁平咲き 作出国 仏 作出年 2011年

オスカル・フランソワ

枝先に凛と咲く純白の剣弁の花はオスカルの気高さを表わす。系統名 HT 咲き方 剣弁高芯咲き 作出国 仏 作出年 2004年

王妃アントワネット

王妃の気品と優雅さ、愛らしさ、その全てを感じさせます。系統名 HT 咲き方 波状弁抱え咲き 作出国 仏 作出年 2011年

フェルゼン伯爵

系統名 Fl 咲き方 波状弁高芯咲き～平咲き 作出国 仏 作出年 2009年

ロザリー・ラ・モリエール

愛らしく可憐で芯は強いロザリーのイメージそのもの。系統名 Fl 咲き方 ロゼット咲き 作出国 仏 作出年 2014年

1972年から少女雑誌『週刊マーガレット』で連載された池田理代子さん原作の漫画で、フランス革命のベルサイユ宮殿が舞台になった作品は「ベルばら」と呼ばれ、ファンを虜にしました。プリンセス物語から始まり、断頭台の露と消える儚くも強く生きぬいたマリー・アントワネットの生涯を史実に基づいて伝え、男装の麗人オスカルの登場は子ども心に鮮烈で、登場人物との物語の展開等、強く惹きつけられました。その後、宝塚歌劇団でも公演され、フランスのメイアン社が登場人物に捧げる薔薇を京成バラ園とのコラボで実現させ、2012年5月11日「第14回国際ばらとガーデニングショー」で発表。京成バラ園には「ベルばら」のテラスが造られ、ベルサイユのばらシリーズの薔薇が植栽されています。

歴史に名高い芳しさ

ロサ・ダマスケーナ

Rosa x damascena

系統名	D
咲き方	オープンロゼット咲き
作出国	不明
作出年	1768年発表
作出者	不明

いつもこの薔薇の開花を、風に乗った香りが知らせてくれます。ふと見ると少し開き始めています。

紀元前４８４年頃のヘロドトスの歴史書に「他をしのぐ芳香」と記された薔薇ではないかといわれ、シリアの首都ダマスカスからヨーロッパへ持ち込まれた為にこの名が付いたとされます。深く濃厚なダマスク香は、精油、ローズウォーター等の香料の原料として、ブルガリア、トルコ、フランス、モロッコ等で栽培されています。別名サマーダマスク。秋に返り咲くものはオータムダマスク。

まるで蘭のような花姿

オーキッド・ロマンス

Orchid Romance

ダマスクの香りに、シトラスやスパイスの香りが混ざった強い芳香と、近年の温暖化への耐暑性、それに加えて耐病性と、大変育てやすい四季咲きの美しい薔薇のひとつです。花型は整ったカップ～ロゼット咲きになり、樹高1m前後のコンパクトな樹形はまとまりやすく、鉢植えにも向いています。多花性で、まるでオーキッド（蘭）のように並んだ、中輪の花を咲かせます。

育てやすいのにこんなに素敵なお花が咲いて、とっても素敵な香りがして……と、最近の育種技術に感謝。

系統名	F
咲き方	中輪カップ～ロゼット咲き
作出国	仏
作出年	2011年
作出者	Meilland

功名な詩人の名を冠した薔薇

ウィリアム・シェイクスピア2000

William Shakespeare 2000

イングランドの劇作家で詩人ウィリアム・シェイクスピア（１５６４〜１６１６年）の名を冠した薔薇。イングリッシュローズは、シェイクスピアの作品に登場する人物の名を冠した薔薇が多数あり、その中でもダマスクの香り豊かで、大輪四季咲きのクリムゾンレッドのこちらのバラは、一際存在感を放ちます。１９８７年作出の同名の薔薇はダークグリーンの葉。耐病性がプラスされ、リニューアル販売されました。

系統名	S
咲き方	大輪ロゼット咲き
作出国	英
作出年	2000年
作出者	David Austin

花の重みで枝垂れる姿はまるでオールドローズ。秋にもしっかり花を付けてくれるのが嬉しいです。

ヘレン

Helen

優しげでロゼット咲きの愛らしさ

系統名	S
咲き方	中輪ロゼット咲き
作出国	日
作出年	2016年
作出者	木村卓功

色々なピンクの薔薇はありますが、こんなに優雅で美しく育てやすいピンクの薔薇と出会えたなんて。

純粋な淡いピュアピンクの整った中輪ロゼット咲きの花は、房咲きになり、美しく優しげな表情で、外側にいくに従って白くなります。ダマスクにフルーツとティーの香りが混ざる大変心地良い香りです。耐病性に優れ、枝もしなやかで扱いやすい。トロイヤ戦争の原因ともなったトロイ王子のパリスが略奪した、絶世の美女と謳われたスパルタ王妃のヘレンより名が付きました。

ダマスク香いろいろ

フランシス・デュブルーユ

Francis Dubreuil

強いダマスク香を持ち、四季咲き性が強く、秋はより深い色合いになり、美しさを増します。 系統名 T 咲き方 中輪緩やかなロゼット咲き 作出国 仏 作出年 1894年 作出者 Francis Dubreuil

コンテ・ドゥ・シャンボール

Comte de Chambord

強香のイングリッシュローズ「ガートルード・ジェキル」の片親で、返り咲きすることでも人気が高い。 系統名 P 咲き方 クォーターロゼット咲き 作出国 仏 作出年 1858年 作出者 Robert & Morea

ロサ・ケンティフォリア

Rosa x Centifolia

「100枚（ケンティ）の花弁（フォリア）」という言葉の名が付き、別名キャベッジ・ローズ。 系統名 C 咲き方 大輪ロゼット咲き 作出国 不明 作出年 1753年発表 作出者 不明

ジャック・カルティエ

Jacques Cartier

花首が短く、約1m前後の樹形にまとまる返り咲き性のオールドローズ。名前はフランスの探検家から。 系統名 P 咲き方 中輪カップ〜クォーターロゼット咲き 作出国 仏 作出年 1868年 作出者 Robert & Moreau

芳純

HohJun

1986年、資生堂から発売のオードパルファム「芳純」は、この薔薇の香料を原料に作られました。 系統名 HT 咲き方 大輪半剣弁高芯咲き 作出国 日 作出年 1981年 作出者 鈴木省三

マダム・アルティ

Madame Hardy

ダマスクの香り豊かな春の一季咲きで、グリーンアイに純白の花弁、飾りガクと魅力に溢れた品種。 系統名 D 咲き方 クォーターロゼット咲き 作出国 仏 作出年 1832年 作出者 Eugene Hardy

清々しく咲き、はらはらと散る

イングリッシュ・ヘリテージ

English Heritage

系統名	S
咲き方	中輪カップ咲き
作出国	英
作出年	1984年
作出者	David Austin

ステムが長く、つる薔薇のように大きくなりますので、スペースにより剪定や整枝で管理が必要です。

アプリコットがかったピンクの透明感ある花色は優しく、柑橘系の爽やかな甘みを含んだフルーツのような香りは清々しく、いつまでも時間を忘れてこの薔薇の前に立ち尽くしていたくなるような香りです。散り際も、整った花型から、はらはらと散っていく姿に、最後まで凛としたこの薔薇の意地を感じます。「遺産」という意味を命名した作出者のこの薔薇への想いの深さが伝わってきます。

咲き始めから散り際まで、全てが美しい

ジュード・ジ・オブスキュア

Jude the Obscure

系統名	S
咲き方	大輪ディープカップ咲き
作出国	英
作出年	1995年
作出者	David Austin

我が家のジュードはスタンダード仕立て。やはりお花は日光が好きなようで、とても元気に咲いています。

ビワのような大きな蕾は、しっかりと花弁を内側に抱えるように開花し、徐々に外側は色が薄くなります。そのどの場面も美しく心に残ります。香りは、シトラス香の混ざったグァバと甘口の白ワインと作者が語るように、複雑でありながら心地良く、新鮮で美味しそうなフルーツを思わせる香りです。トマス・ハーディのヴィクトリア時代の小説「日陰者のジュード」の主人公の名が付いています。

フルーティー香いろいろ

ローズ・ポンパドール

Rose Pompadour

ルイ15世の公妾ポンパドール夫人が好んだポンパドールピンクは、ローズピンクともいわれる。系統名 S 咲き方 大輪カップ〜クゥオーターロゼット咲き 作出国 英 作出年 2009年 作出者 Arnaud Delbard

ジュビリー・セレブレーション

Jubilee Celebration

花弁の中に黄色とピンクが混ざり合う魅力的な花色。エリザベス女王即位50周年記念の薔薇です。系統名 S 咲き方 ロゼット咲き 作出国 英 作出年 2002年 作出者 David Austin

ダブル・ディライト

Double Delight

中心は黄色がかったクリーム色で、鮮やかな赤い覆輪が入ります。「二重の喜び」という名前。系統名 HT 咲き方 半剣弁高芯咲き 作出国 米 作出年 1977年 作出者 A.E. & A.W. Ellis、Herbert C. Swim

シャリファ・アスマ

Sharifa Asma

中心は優しいピンクで外側にいくほど白く淡い花色。オマーン・スルタン国の皇女の名が付いています。強香。系統名 S 咲き方 ロゼット咲き 作出国 英 作出年 1989年 作出者 David Austin

ボレロ

Bolero

クリームに黄色、アプリコット、ピンクが少しづつ優しげに混ざり合い、やがて白へと移り変わります。系統名 F 咲き方 カップ〜クオーターロゼット咲き 作出国 仏 作出年 2004年 作出者 Meilland

真宙

Masora

四季咲き性でディープカップのアプリコットピンクの花色は愛らしく、外側の花弁の色は薄い。系統名 S 咲き方 ディープカップ〜クオーターロゼット咲き 作出国 日 作出年 2008年 作出者 吉池貞藏

ロサ・ギガンティア

Rosa gigantea

大輪の白花はティーローズの祖

系統名	Sp
咲き方	大輪一重咲き
作出国	無し
作出年	無し
作出者	無し

大きな花弁は尖った部分を残し後ろに反り返ります。その性質が現代まで引き継がれることになるなんて。

春の一季咲きで、大輪の白花を咲かせ、横張り性の樹形です。「現代バラ」にも引き継がれた花弁の先が尖る剣弁咲きの性質と、紅茶のような爽やかな香りの主要成分・ジメトキシメチルベンゼンは、この薔薇の遺伝子から引き継がれています。ヒマラヤ山脈山麓・標高１０００〜１５００ｍ地帯のインド北東部、ミャンマー北部、中華人民共和国南西部（雲南省）が原産の原種の薔薇で、ティーローズの祖。

趣があり金華山の和名を持つ
レディ・ヒリンドン

Lady Hillingdon

系統名	T
咲き方	中輪剣弁咲き
作出国	英
作出年	1910年
作出者	Lowe & Shawyer

ティーローズの細い枝を横に伸ばす性質、うなだれて咲く中輪花、やはり鉢植えの方が良いかと思います。

横張り性の細い枝先に、ビワ色の剣弁の花を俯くように咲かせます。その姿は、しとやかで控えめな女性のようで趣があります。紅茶にたっぷりの砂糖を入れたようなこの花の香りは、午後より午前の方が強く香ります。初めてこの香りを嗅いだ時の感動は今でもはっきりと覚えています。四季咲き性が強く、秋の花は、寒暖の差により深い色合いが増してとても綺麗です。鉢植えにも向いています。

パット・オースチン

Pat Austin

息をのむオレンジ色の見事な品種

系統名	S
咲き方	大輪カップ咲き
作出国	英
作出年	1995年
作出者	David Austin

株元からのベーサルシュートが発生しやすく大変育てやすい品種です。ビタミンカラーの花色も素敵。

大輪カップの花の花弁の表はオレンジ、裏は黄色です。時間と共に次第に銅色を帯びて色に深みと輝きを増していきます。この薔薇が初めて紹介されたパンフレットを見た時、その奥深い銅色を帯びたオレンジの花色の出現にとても感動したのを覚えています。作者も妻に捧げるほどの素晴らしい品種です。とても丈夫で、多少の日陰でも元気に育ち、かすかなスパイスの混ざったティー香がします。

優雅な枝の〝しなり〟が魅力

プリンセス・アレキサンドラ・オブ・ケント

Princess Alexandra of Kent

オレンジがかったピンクの蕾が開くと、温かみのあるピンクの整った大輪カップ咲きに花開きます。外側の花色は、徐々に薄く優しい花色になり、遠くからでも目に留まるほど大変美しく魅力的な品種です。花の重みで、枝は弓なりに優雅に湾曲し、鉢植えでも育てやすく、とても丈夫です。現、英国エリザベス女王の従妹にあたるオギルヴィ令夫人アレクサンドラ王女に捧げられたバラ。

系統名	S
咲き方	大輪カップ～ロゼット咲き
作出国	英
作出年	2007年
作出者	David Austin

我が家では現在鉢植えにしていますが、いつか地植えにして更に花数を増やしたいと思うほど魅力的な花。

ハマナス、ハマナシの名で知られる

ロサ・ルゴサ

Rosa Rugosa

系統名	Sp
咲き方	中輪シングル房咲き
作出国	無し
作出年	無し
作出者	無し

大小の棘がびっしり並んだ枝は、やはり素手では痛くて、この薔薇の時は皮の手袋をはめて作業します。

東アジアの温～冷帯に分布し、日本では北海道の海岸、南は鳥取県の主に砂地に自生します。ツンとくるようなスパイスのような香りが特徴です。白花やダブル咲きのものもあり秋にも返り咲きます。この薔薇を品種改良に用いたルゴサ系は、世界の寒冷地で役立っています。ビタミンC豊富な大きなローズヒップは果肉も厚く、食用、薬用と利用されてきました。

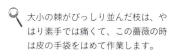

幸せを導くロマンあふれる薔薇

デンティ・ベス

Dainty Bess

片親が剣弁高芯咲きを確立したオフェリアですが、こちらは一重で赤いシベが特徴の薔薇です。しかし、優雅な雰囲気はしっかりと受け継いだかのように表情は優しげです。作出者が、婚約者エリザベスに捧げた薔薇で、プロポーズはめでたく成功し2人は幸せになったとか。今でもこの薔薇の花を通して、幸せで夢のような空間が見えるような気持ちにさせてくれるロマンチックな薔薇です。

系統名	HT
咲き方	中〜大輪シングル咲き
作出国	英
作出年	1925年
作出者	Wm. E.B. Archer & Daughter

枝はHTにしてはほっそりとしていて暴れず、とても扱いやすい品種です。花弁とシベの絶妙なコンビ。

神話の女神らしい花姿

ベル・イシス

Belle Isis

系統名	G
咲き方	中輪クオーター ロゼット咲き
作出国	白耳義
作出年	1845年頃
作出者	Parmentier

大輪でもなければ濃い花色でもないのに、庭で存在感のある花はコンパクトで細い枝に可憐に咲きます。

透き通るようなピンクの花弁が、愛らしいボタンアイを見せながら、クオーターロゼット状に花開きます。イングリッシュローズ第1号のコンスタンス・スプライの片親であることから、ミルラ香（セリ科のスウィート・シスリーのアニス香）は、ベル・イシスを通して、多くのイングリッシュローズに引き継がれることになりました。花名はエジプト神話の女神の名から「美しいイシス」の意味。

ミルラ香いろいろ

アンブリッジ・ローズ

Ambridge Rose

イギリスのBBC放送の長寿番組に登場する架空の町「Ambridge」にちなんで命名されました。 系統名 S 咲き方 カップ〜ロゼット咲き 作出国 英 作出年 1990年作出 作出者 David Austin

スプレンデンス

Splendens

野生種ロサ・アルウェンシスの交雑種でミルラ香の起源。 系統名 HArv（ハイブリッド・アルウェンシス） 咲き方 中輪オープンカップ咲き 作出国 英 作出年 1837年以前 作出者 交雑種

セント・セシリア

St. Cecilia

強いミルラ香を持ち、四季咲き性のコロンとした花が上を向いて咲き、樹形がまとまりやすい品種。 系統名 S 咲き方 大輪カップ咲き 作出国 英 作出年 1987年 作出者 David Austin

セプタード・アイル

Scepter'd Isle

中輪のピンクの花が房咲きとなり、シベをみせたオープンカップ状に花開き、四季咲き性が強く丈夫。 系統名 S 咲き方 中輪オープンカップ咲き 作出国 英 作出年 1996年 作出者 David Austin

タモラ

Tamora

艶のあるクリームアプリコット色の花は四季咲き性。直立性でコンパクトな樹形。 系統名 S 咲き方 大輪カップ咲き 作出国 英 作出年 1983年 作出者 David Austin

バスシーバ

Bathsheba

樹形はつる性で強健。花は外側が白くなるアプリコットイエロー。四季咲き性。 系統名 S 咲き方 ロゼット咲き 作出国 英 作出年 2016年 作出者 David Austin

一番人気のブルーローズ

ブルー・ムーン

Blue Moon

ブルー香とは、ダマスク香にティーの香りが混ざる甘く爽やかな香りと云われますが、こちらの薔薇はまさにその香りの代表的な薔薇です。美しい花型に、豊かなブルーの香り、樹勢も強く育て易い等、この薔薇が作出されてから、今まで様々なブルーローズが作出されてきましたが、今も尚、これが一番といわれる方も多い人気の薔薇です。ブルーといっても、品のある薄いラベンダー色です。

系統名	HT
咲き方	半剣弁高芯咲き
作出国	独
作出年	1964年
作出者	Mathias Tantau,Jr

冬や夏の本剪定では、高くなる樹高を考慮した剪定が大切。

大人の気品を漂わせる ブルー・リバー

Blue River

系統名	HT
咲き方	半剣弁高芯咲き
作出国	独
作出年	1984年
作出者	Reimer Kordes

樹高は約1.2m前後ですので、HTとしては扱いやすい高さです。

ブルームーンを片親に持ち、ブルーの香りの特徴を引き継いでいます。花色はラベンダー色から、次第に花弁の縁に濃い赤が乗り、やがて全体が赤みを帯びる艶やかな花を咲かせます。黄色のシベを見せることもあり、また、ダークな葉の色と花色がとてもマッチして、落ちついた表情を見せてくれます。ブルーローズの中では、丈夫な薔薇で、コルデスへの信頼を感じさせます。

ブルー香いろいろ

ベラ・ドンナ

Bella Donna

イタリア語で「美しい女性」の意味。女優メリル・ストリープに捧げられ、スパイスが混ざった香り。 系統名 S 咲き方 剣弁高芯咲き 作出国 日 作出年 2010年 作出者 岩下篤也

オンディーナ

Ondina

シルバーがかった藤色は発表当時、大変注目を集めましたが、現在でもその美しさに惹かれます。香りは中香で、鉢植え向きです。
系統名 F 咲き方 セミダブル咲き 作出国 日 作出年 1986年 作出者 小林森治

ブルー・リボン

Blue Ribbon

ブルーの爽やかな香りで、花首は細く優しげな表情。耐病性があり、育てやすいブルーローズのひとつ。 系統名 HT 咲き方 半剣弁高芯咲き 作出国 米 作出年 1984年 作出者 Christensen

スイート・ムーン

Sweet Moon

洗練された爽やかな薄いラベンダーの花色で、剣弁高芯咲きの花を房咲きにして咲かせます。
系統名 F 咲き方 剣弁高芯咲き 作出国 日 作出年 2001年 作出者 寺西菊雄

爽

Sou

波打つ咲き方のブルーローズで、爽やかな印象。俳優の三上真史さんをイメージして命名された薔薇。 系統名 HT 咲き方 波状弁咲き 作出国 日 作出年 2017年 作出者 河本純子

衣香

Kinuka

フラワーデザイナーの阿竹衣香さんをイメージし、ダマスク香が混ざり、華やかで爽やかな香り。 系統名 F 咲き方 ゆるやかなカップ咲き 作出国 日 作出年 2015年 作出者 安田祐司

column

1

薔薇色ってどんな色？

皆さんは、薔薇色ってどんな色だと思われますか？何人かの方々にこの質問をさせて頂いたところ、ある方は薄く優しいピンク色、薔薇の具体的な品種でいうと、イングリッシュローズの「マサコ」のような色と仰いました。また、ある方は、淡いアプリコットピンクのような薔薇の色、また、ある方は、真紅の薔薇の色こそ、まぎれもない薔薇色だと仰いました。

　皆さんの思い描かれる薔薇色は、これまでの薔薇との距離感、過ごされてきた時の歩み、色々な人生経験、そして現在の心象等が混ざり合ってその答えを導いているのではないでしょうか。

　私自身の薔薇色を頭に描く時、なぜか、「エヴリン」がいつも浮かんできます。大輪のカップ咲きで咲き始め、クオーターロゼット～シャローカップになって、外側の花弁は淡くなり、中の光沢のあるたくさんの花弁は、アプリコット、オレンジ、黄色、白、ピンクの色を乗せながら、決して一色に混ざり合わないひとつの集合体の中で、さりげなくそれぞれの輝きを放っているような不思議な色合いをしています。寒暖の差が大きい秋ほどその魅力は増し、素晴らしい香りと共に時間を忘れて見ていたい気持ちになります。

　この薔薇の前で感じた優美な一瞬。あの一瞬の思いを探しているかのように、「エヴリン」を頭に描きます。「エヴリン」を通して見える優美な一瞬こそが、私にとっての薔薇色なのです。

香水メーカー「クラブツリー＆イヴリン」社のシンボルローズにもなっている強香（フルーティー系）の薔薇。 系統名 S 咲き方 ロゼット咲き 作出国 英 作出年 1991年 作出者 David Austin

マダム・アントワーヌ・マリー

アンナ・オリビエ

ブルーメンシュミット

クロッカス・ローズ

メイド・マリオン

フィリス・バイド

ピンク・グルース・アン・アーヘン

クレパスキュール

羽衣

豊華

イングリッシュ・エレガンス

ポールズ・ヒマラヤン・
ムスク

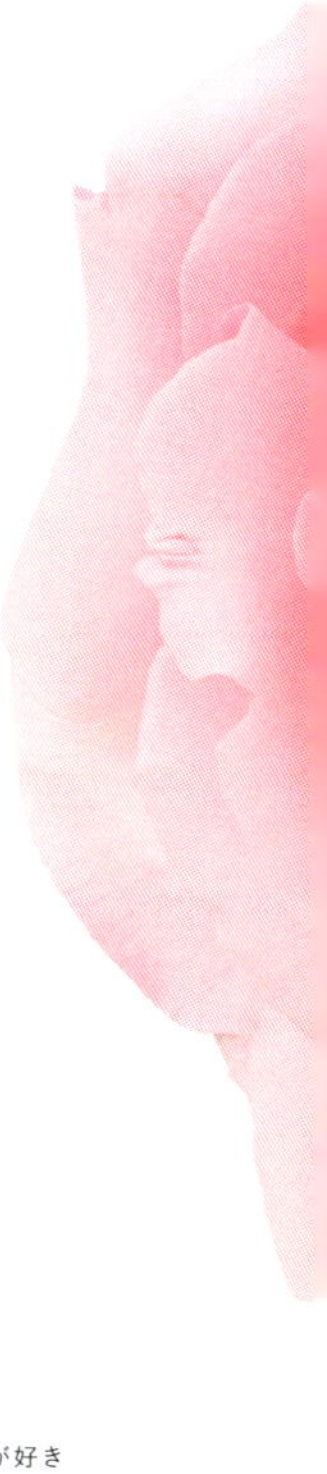

マイカイ

光沢を含み、可憐さが魅力

マダム・アントワーヌ・マリー

Mme.Antoine Mari

系統名	T
咲き方	中輪半剣弁高芯咲き
作出国	仏
作出年	1901年
作出者	Antoine Mari

ティーローズは全体的に細い枝ばかりですが、少し枝を残し気味にして剪定すると良いようです。

しなやかに伸びた細い枝に、優しく俯くように花を咲かせる姿は、まさに慎ましく謙虚でエレガントな女性と重ねて見えてしまいます。外側が濃いピンクで、中心が淡い色のグラデーション、光沢を含んだ花色は可憐です。秋の花は、一層、濃淡の差が表れて、何ともいえない美しさです。横張りの樹形は、鉢植えの方が管理しやすいです。私にティーローズの魅力を教えてくれた薔薇。

采女の別名を持つ古風な花姿

アンナ・オリビエ

Anna Olivier

光沢のあるオレンジがかったアプリコット色の蕾も美しく、淡いアプリコットの花色との組み合わせも絶妙です。明治時代に輸入された際には、「采女《うねめ》」という、朝廷で天皇、皇后の食事の世話をする容姿端麗で少領以上の郡司の子女の和名が付けられました。確かにその和名の様な雰囲気を持つ美しいティーローズです。こちらの薔薇も秋花はより一層、花色の濃淡が鮮明になり、光沢を纏います。

系統名	T
咲き方	中輪半剣弁高芯咲き
作出国	仏
作出年	1872年
作出者	Jean-Claude Ducher

こちらの品種もあまり枝を剪定し過ぎないよう、気をつけないといけません。ふところ枝は整理します。

ピンクからレモンイエローに変化

ブルーメンシュミット

Blumenschmidt

系統名	T
咲き方	剣弁咲き～ロゼット咲き
作出国	独
作出年	1906年
作出者	Hermann Kiese

花首は上を向いてはいませんので、鉢植えにして、花が見やすい所に移動出来るようにしています。

ピンクの蕾は、開花と同時に、外側の花弁にピンクを残したまま徐々に中からレモンイエローの花弁を広げます。美しい剣弁の花弁が、クシュクシュとしたロゼット状になり、まるでダイヤモンドのようなその花型を保ちます。淡いアプリコットピンクの美麗花「マドモアゼル・フランチェスカ・クルーガー」（T）の枝替わりで、すっと伸びる細い枝先に花を付ける性質は同じです。

ガブリエル

Gabriel

清楚で甘く爽やかな香り

系統名	F
咲き方	波状弁咲き
作出国	日
作出年	2008年
作出者	河本純子

うっすらと淡い紫がかる白い花弁、外側の花弁にはグリーンの筋が1、2本見えることもあり、清楚で上品な印象です。甘く爽やかな心地良い香りと相まって、多くの薔薇の中でも一際この薔薇に心奪われ、しばし見入ってしまうほど大変魅力的な品種です。樹勢を保つには、常に近くに置いて水やりや施肥を適切に行い、剪定は軽めに行うことが大切です。鉢植えで大事に育てるのに向いています。

フロリバンダと思って強めに剪定してしまうと、たちまち元気がなくなってしまいます。弱剪定で大切に。

春と秋の表情の違いもポイント

ピンク・グルース・アン・アーヘン

Pink Gruss an Aachen

系統名	F
咲き方	ロゼット咲き
作出国	和蘭
作出年	1929年
作出者	R. Kluis

１m前後の管理しやすい高さで、ふんわりとした優しげな花をたくさん咲かせます。花期は水をタップリと。

以前は、チャイナローズの「イレーヌ・ワッツ」と呼ばれた品種ですが、ソフトイエローの「グルース・アン・アーヘン」の枝替わり「ピンク・グルース・アン・アーヘン」と同種であると英国王立バラ協会で認定されました。アプリコットがかったソフトピンクの花は、優しい雰囲気ですが、コンパクトでまとまり易い樹形で育てやすい品種です。春花と秋花の表情の違いも楽しめます。

散りぎわまでのすべてが美しい

メイド・マリオン

Maid Marion

クリアなピンクの花色は、開花と共に花弁の縁が白くなり、大変優雅で美しい花色となります。花型も、最初は花弁が内側になる浅いカップ状ですが、ボタンアイを見せて、緩やかなロゼット咲きになり、散り際までのどのシーンにおいても美しい薔薇です。シャーウッドの森に住むロビン・フッドの恋人の名が付けられました。ダマスクにフルーティー、ミルラが混ざる香りも素晴らしい。

系統名	S
咲き方	英
作出国	シャロウカップ 〜ロゼット咲き
作出年	2010年
作出者	David Austin

コンパクトな樹形に大輪の香りの良い見事な花を年中咲かせます。鉢植えや花壇の前方向きの薔薇です。

ザ・ファウン

The Faun

俯き加減に咲いて女性に人気

系統名	S
咲き方	中輪ロゼット咲き
作出国	デンマーク
作出年	1991年
作出者	L. Pernille Olesen.／Mogens N. Olesen.

整枝し、細い枝を残すように剪定すると、花付きが良くなります。枝垂れる枝は、鉢植え向きです。

片親の「ザ・フェアリー」の特徴を受け継いだ、よく分枝し扇型に横張りに広がる樹形です。中輪ロゼット咲きの温かい淡いピンクの花を、俯くようにたくさん咲かせ、枝垂れて全体的にふんわりと優しい雰囲気になります。優しく包み込むような雰囲気が、特に女性に人気があるのが頷けます。枝垂れる特徴を活かした、スタンダード仕立てで楽しむのにも向いています。別名マイ・グラニー、グラニー他。

秋の返り咲きも見逃せない
クリスティアーナ
Christiana

系統名 Cl
咲き方 ディープカップ咲き
作出国 独
作出年 2013年
作出者 Tim Hermann Kordes

植えて最初の年は穏やかな樹勢ですが、2〜3年頃からシュートを上げて、ツルバラらしさが表れます。

コロンとしたディープカップ咲きの花は、中心がライラックピンクで周りはピュアホワイト、これだけでも十分魅力的なバラですが、フルーティーな素晴らしい香りも楽しめるバラです。強剪定で、鉢植えでコンパクトに管理しても良いですが、本来のクライミングの性質を生かして、大きくフェンス仕立てやポール仕立てにするのも良いでしょう。秋にも返り咲きするつるバラとして重宝します。

清楚な気品と佇まいに魅せられる

クロッカス・ローズ

Crocus Rose

優しいアプリコット色の花は、最初は整ったカップ咲きですが、徐々にロゼット咲きへと咲き進むにつれ、外側の花色は白く薄くなり中央にだけ色を残すかのように佇みます。控えめな花の印象ではありますが、かえってそれがいつまでも心に残ります。返り咲き性で、たおやかな枝に花付き、樹勢もよく、育てやすい品種です。グリーンの小さなボタンアイも見せてくれます。軽やかなティーの香り。

系統名	S
咲き方	大輪ロゼット咲き
作出国	英
作出年	2000年
作出者	David Austin

シュラブ樹形の弓なりの枝先に花を咲かせます。我が家では大きめの株にして花壇後方に植えています。

最後には菊のようなカクタス咲きに

フィリス・バイド

Phyllis Bide

オレンジ色の小さな蕾が花開くと、中輪のひらひらとした軽やかな花弁は、時間の経過と共に後ろに反り返り、菊の様なカクタス咲きになります。また、クリームにピンクやサーモン、黄色が混ざる複色の色合いは徐々に薄く退色します。繊細でありながら温かい雰囲気のこちらのバラは、丈夫で花付き、花持ち、四季咲き性に優れます。中央が黄色で赤い一重の丈夫なツルバラ「カクテル」の片親です。

系統名	ClPol
咲き方	中輪セミダブル～カクタス房咲き
作出国	英
作出年	1923年
作出者	S. Bide & Sons, Ltd.

小枝をたくさん出して枝はかなり暴れます。整枝を行いながら必要な枝を残せば、花で株が覆われます。

フランス語で黄昏という名の薔薇

クレパスキュール

Crepuscule

系統名	N
咲き方	中輪セミダブル房咲き
作出国	仏
作出年	1904年
作出者	Francis Dubreuil

縦よりも横に広がる樹形を作りたい時に活躍する品種です。連続開花性、耐暑性、耐寒性に優れています。

深緑色の葉と、ノワゼット特有の光沢や濃淡のある繊細な色合いのオレンジの花色との相性が絶妙で、「黄昏」という名前がぴったりに思えてきます。横張りに枝を伸ばし、低いフェンスや生垣に誘引するのに向いています。病気に強く大変丈夫で育てやすい品種です。花付き良く、耐暑性が強く、真夏でも春より小さくなった花を元気に咲かせます。春は、赤茶色の葉の新芽も大変美しいです。

一房に様々な表情が楽しみ

ローラ・ダヴォー

Laure Davoust

系統名	HMult
咲き方	小輪ロゼット房咲き
作出国	仏
作出年	1834年
作出者	Jean Laffay

愛らしい房咲きの花が下に向かって咲いてくれますので、我が家ではパーゴラに這わせています。

日本のノイバラの遺伝子を引き継いだこちらの薔薇は、パーゴラやアーチ向きで、細くしなやかな枝先、小枝に房咲きの愛らしい花を咲かせます。淡いラヴェンダーがかったピンクの小輪の花は、小さいながらも黄緑色のボタンアイを見せながらロゼット咲きの花型です。時間差で花開く為、退色して白くなった花、咲いたばかりの花、そして蕾等、一房の中に様々な表情の花色を見せてくれます。

名前通りのエレガントな印象

イングリッシュ・エレガンス

English Elegance

系統名 S
咲き方 緩やかな大輪ロゼット咲き
作出国 英
作出年 1986年
作出者 David Austin

下から見上げるとちょうど目が合う高さに咲いてくれるよう、我が家では枝を柱に誘引しています。

イングリッシュローズの中でも樹高が高くなることから、花壇の後方に植えて、フェンスに誘引したり、ポール仕立てにすると良いでしょう。花付きはそれほどでもありませんが、陽射しを受けて輝くように、アプリコットとピンクが混ざり合う花弁の美しさに何度感動したことでしょう。緩やかな重なりの織りなす繊細なバラの世界も感じさせてくれる名前の通りエレガンスな品種です。

系統名	HWich
咲き方	中輪ロゼット房咲き
作出国	米
作出年	1898年
作出者	Dr. Walter Van Fleet

"5月の女王"にふさわしい美しさ

メイ・クイーン

May Queen

枝は上から下へ弓なりになりますので、スタンダード仕立てにも向いています。小枝を残すように剪定。

日本のテリハノイバラの遺伝子を引き継ぎ、葉はつるつるとした光るような照り葉をしています。しなやかな枝先に房咲きの中輪のピンクの優しげなロゼット咲きの花を咲かせます。春の一季咲きですが、1年分の思いを5月に凝縮したかのような、まさに「5月の女王」の名にふさわしい花姿、美しさです。花期は、せっかくのたくさんの蕾を落とさない為にも、水分をしっかり与えることが大切です。

コーネリア

Cornelia

ムスク香薫り、濃い葉っぱもきれい

系統名	HMsk
咲き方	小輪セミダブル咲き
作出国	英
作出年	1915年
作出者	J.pemberton

春花でローズヒップが生りますが、秋にもたくさん咲かせたい時は花殻を摘んだ方が花付はよいようです。

濃いアプリコットピンクの小さな蕾が開くと、中心に黄色を帯びた優しいアプリコットピンクの愛らしい花をシベを見せながら咲かせます。野生種ロサ・モスカータの遺伝子を組む為、ツンとするようなムスク香があります。また返り咲き性の為、低いフェンス等に向きます。株は徐々に大きくなっていきます。濃い緑の葉も美しく、花色を一層ひき立てています。

ぐんぐん伸びて美しい風景を作る

ポールズ・ヒマラヤン・ムスク

Paul's Himalayan Musk

野生種ロサ・ブルノニー（ロサ・モスカータ・ネパレンシス）の実生と云われています。ロサ・ブルノニーは、ヒマラヤ原産で「ヒマラヤン・ムスク」と呼ばれていますので、こちらは作出者の名前が最初に付いたことになります。伸長力に優れ10m以上になることもあり、小枝も棘も多数ですので管理に労しますが、それでも咲いた時は、淡い薔薇色の花で覆われる美しい風景を作ってくれます。

系統名	HBrun
咲き方	小輪ロゼット咲き
作出国	英
作出年	1916年
作出者	George Paul

伸長力があり小枝をたくさん発生させる性質で、整枝や剪定には手間がかかりますが、咲いた時は圧巻。

羽衣

Hagoromo

フェンスや壁面仕立てで活躍

系統名	Cl
咲き方	剣弁高芯咲き
作出国	日
作出年	1970年
作出者	鈴木省三

四季咲きのツルバラとして、花型も美しく整い、アレンジメントにも活用できて、とても重宝です。

しっかりした長いステムを伸ばし、大輪剣弁高芯咲きの品格のある花を咲かせるこちらの薔薇は、とても丈夫で多少の日陰でも元気に育ちます。上を向いてステムが伸びて花が咲くので、アーチやパーゴラよりは、フェンスや壁面仕立てに向いています。四季咲き性もあり、秋にも美しい花を咲かせてくれます。花持ちは普通ですが、花の時期には長いステムから切り取って花瓶に挿す等、重宝します。

スイーツにお茶に重宝する中国生まれの薔薇

マイカイ

Maikwai

赤紫色の花も美しく、ダマスクにスパイスが微かに混ざり強香です。一季咲きですが、多花性で軽やかな花弁はドライにし易く保存が効き、お菓子作りやお茶にとても重宝します。中国では、「玫瑰」(マイカイ、メイグイ)は、古くから薬や飲食用の薔薇、そして薔薇の総称を表す言葉として使用されてきました。玫瑰色といえば、中国では薔薇色を意味し、こちらの赤紫色を指します。

系統名	Ch
咲き方	緩やかなロゼット咲き
作出国	中国
作出年	1957年発表
作出者	不明

一季咲きとはいえ5月初旬～6月まで蕾が上がって咲いてくれます。中国では、美しい女性を玫瑰に例えます。

豊華

Hoka

食べられる薔薇として人気沸騰

系統名	Ch
咲き方	中輪ロゼット咲き
作出国	中国
作出年	不明
作出者	不明

２０１７年に日本へ初めて紹介され、「食香ばら」として大人気のこちらの薔薇は、１０００年以上前から中国平陰県で食用の薔薇として大切に栽培されてきました。ダマスクにスパイスが混ざる強い香りとワックス成分が少ない柔らかな花弁が特徴で、苦味や渋みがほとんどなく、生のままでも美味しく頂けます。こちらは一季咲きで、別名・平陰重弁紅玫瑰。

豊華と一緒に紹介されたのが写真の「紫枝」。四季咲き性で大輪セミダブル咲きの「食香ばら」です。

お菓子の名前の薔薇

見た目がお菓子のように愛らしい薔薇や、古い地名が薔薇となり、
それがお菓子の名前にもなったものもあります。
ここでは、人気のお菓子の名前になっている薔薇を集めてみました。

サント・ノーレ

Saint Honire

紫がかったピンクのフリルのような花弁をたくさん詰め込んで秋まで元気に咲き続けます。
系統名S **咲き方** 中輪波状弁カップ咲き **作出国** 仏 **作出年** 2016年 **作出者** デルバール

ミルフィーユ

Mille-feuille

白地に優しいピンクの絞りが入る重ねの多い花弁のバラは、まるでミルフィーユのよう。四季咲き性で鉢植え向き。 **系統名**F **咲き方** ロゼット咲き **作出国** 日 **作出年** 2013年 **作出者** 河本純子

ストロベリー・マカロン

Strawberry Macaroon

パールホワイトに優しいピンクのグラデーション、コロンとした花型が愛らしい。四季咲き性のコンパクトな樹形は鉢植え向き。
系統名Patio **咲き方** 中輪ディープカップ咲き **作出国** 日 **作出年** 2011年 **作出者** 小川宏

ショートケーキ

Shortcake

表はイチゴのような赤い色、裏は生クリームのような白い花弁の愛らしい花を株いっぱいに四季咲きに咲かせて。 **系統名**Min **咲き方** 中輪丸弁抱え咲き〜オープン咲き **作出国** 日 **作出年** 1981年 **作出者** 鈴木省三

ストロベリー・アイス

Strawberry Ice

白い花弁の波打つ縁が明るいピンクに染まり、時折長いシュートが出てツルバラのようにも仕立てられます。別名、ボーダーローズ。
系統名F **咲き方** 波状弁抱え咲き〜オープン咲き **作出国** 仏 **作出年** 1971年 **作出者** デルバール

イスパハン

Ispahan

美しく優しいピンクの花弁は、ボタンアイを見せながら春のみ花開きます。イランの観光都市の名がついたバラ。 **系統名**D **咲き方** クオーターロゼット咲き **作出国** 不明 **作出年** 1832年以前 **作出者** 不明

絞り模様の薔薇

淡い色の花びらに濃いピンクや赤のストライプや絞り模様が入る薔薇は、近頃とても人気です。古い品種から新しく開発された品種まで、ここでは比較的育てやすくポピュラーな絞り模様の薔薇を取り上げました。

レダ(別名:ペインテッド・ダマスク)

Leda

系統名 D 咲き方 ロゼット咲き 作出国 英 作出年 1827年以前 作出者 不明

オノリーヌ・ドゥ・ブラバン

Honorine de Brabant

系統名 B 咲き方 カップ咲き 作出国 不明 作出年 不明 作出者 不明

カマユー

Camaieux

系統名 G 咲き方 カップ咲き 作出国 仏 作出年 1826年 作出者 Gendron

ヴァリエガータ・ディ・ボローニャ

Variegata di Bologna

系統名 B 咲き方 カップ咲き 作出国 イタリア 作出年 1909年 作出者 Gaetano Bonfiglioli & figlio.Lodi

マルク・シャガール

Marc Chagall

系統名 S 咲き方 ロゼット咲き 作出国 仏 作出年 2014年 作出者 Delbard

ロサ・ガリカ・ヴェルシコロール

Rosa gallica versicolor

系統名 G 咲き方 セミダブル咲き 作出国 不明 作出年 1581年以前 作出者 不明

サムズアップ

Thumbs Up

系統名 S 咲き方 カップ咲き〜緩やかなロゼット咲き 作出国 英 作出年 2006年 作出者 Colin P,H

クロード・モネ

Claude Monet

系統名 S 咲き方 カップ〜ロゼット咲き 作出国 仏 作出年 2012年 作出者 Delbard

ペッシュ・ボンボン

Peche Boubons

系統名 S 咲き方 波状弁大輪カップ咲き 作出国 仏 作出年 2009年 作出者 Delbard

エドガー・ドガ

Edgar Degas

系統名 F 咲き方 セミダブル咲き 作出国 仏 作出年 2003年 作出者 Delbard

ラジオ

Radio

系統名 S 咲き方 カップ咲き 作出国 スペイン 作出年 1937年 作出者 Pedro Dot

バランゴ

Berlingot

系統名 S 咲き方 ロゼット咲き 作出国 仏 作出年 2016年 作出者 Dorieux

ガクが美しい薔薇

松脂のような香りの苔状の腺毛（モス）で覆われたガク、ナポレオンの帽子にガクの形が似ることから名づけられた薔薇、レースのような美しいガク等々、ガクでさえ、芸術作品のようです。

ラ・ヴィル・ドゥ・ブリュッセル

La Ville de Bruxelles

レースの様な美しいガクを持ち、濃い美しい花との調和は見事です。

系統名 D 咲き方 クオーターロゼット咲き 作出国 仏 作出年 1837年以前 作出者 Jean-Pierre Vibert

シャポー・ドゥ・ナポレオン

（別名:クレステッド・モス）

Chapeau de Napoleon

ガク片が、三角形のナポレオンの帽子のように見えることから名付けられました。

系統名 C 咲き方 カップ〜クオーターロゼット咲き 作出国 仏 作出年 1827年 作出者 Jean-Pierre Vibert

コモン・モス

（別名:ケンティフォリア・ムスコーサ）

Common Moss

ガク片、ガク筒、枝、花柄は、苔（モス）の様な腺毛で覆われています。

系統名 M 咲き方 カップ〜クオーターロゼット咲き 作出国 不明 作出年 1696年以前 作出者 不明

ナニワイバラ

（ロサ・レヴィガータ）

Rosa laevigata

白い花弁に黄色のシベが映えて美しい花を咲かせます。

系統名 Sp 咲き方 大輪シングル咲き 作出国 中国（発見） 作出年 無し 作出者 無し

イザヨイバラ

（ロサ・ロクスブルギー）

Rosa roxburghii

満開時に十六夜の月ように一部が欠けることから名付けられました。

系統名 Sp 咲き方 一部欠けが見られるロゼット咲き 作出国 中国（発見） 作出年 1823年（発見） 作出者 無し

マダム・ドゥ・ラ・ロシュ＝ランベール

Mme de la Roche-Lambert

開くとシベを見せる赤紫色のモスローズ、濃厚なダマスクの香りです。

系統名 M 咲き方 シャローカップ咲き 作出国 仏 作出年 1851年 作出者 Robert

アレンジメント向きの薔薇

花付きに優れた薔薇やニュアンスが愉しめる薔薇、華やかな色合いの薔薇、花持ちの比較的いい薔薇、蕾から咲き終わるまでの変化が楽しめる薔薇など、ここではアレンジメントに向いている庭で育てられる薔薇を紹介します。

パリス

Paris

系統名 S **咲き方** ロゼット咲き **作出国** 日 **作出年** 2013年 **作出者** 木村卓功

エメラルド・アイル

Emerald Isle

系統名 Cl **咲き方** 高芯咲き〜ロゼット咲き **作出国** 英 **作出年** 2008年 **作出者** Dickson

ジェームズ・ギャルウェイ

James Galway

系統名 S **咲き方** 波状弁クオーターロゼット咲き **作出国** 英 **作出年** 2000年 **作出者** David Austin

リベルラ

Libellula

系統名 F **咲き方** 波状弁ロゼット咲き **作出国** 日 **作出年** 2016年 **作出者** 今井ナーサリー

京（みやこ）

miyako

系統名 Patio **咲き方** 中輪カップ咲き **作出国** 日 **作出年** 2007年 **作出者** Rose Farm keiji

シャルドネ

Chardonnay

系統名 Patio **咲き方** 中輪ディープカップ咲き **作出国** 日 **作出年** 2017年 **作出者** 小川宏

ブーケ・パルフェ

Bouquet Parfait

系統名 Cl **咲き方** 小輪房咲きロゼット咲き **作出国** ベルギー **作出年** 1989年 **作出者** Lens

コリーヌ・ルージュ

Collins Rouge

系統名 F　咲き方 半剣弁〜波状弁咲き 作出国 日　作出年 2016年
作出者 河本純子

イヴ・ピアチェ

Yves Piaget

系統名 HT　咲き方 大輪ディープカップ咲き　作出国 仏　作出年 1983年　作出者 Meilland

雅(みやび)

miyabi

系統名 HT　咲き方 ロゼット咲き
作出国 日　作出年 2014年
作出者 Rose Farm keiji

Arrangement

ローズヒップが楽しめる薔薇

ローズヒップとはバラの実（植物学上では果実ではなく花床）のことで、一般にビタミンC、カルシウム、鉄分、ベータカロチン、ビタミンE、食物繊維が含まれています。ローズヒップを体内に取り込むと、ビタミンCが肌のハリや弾力性を保つコラーゲンの生成を促進し、紫外線等からのダメージによるコラーゲンの減少を抑えるだけでなく、メラニン色素の生成を抑え、新陳代謝を活発にし、美白効果もあるともいわれます。

また、むかしから漢方薬としても利用されています。

ロサ・ムルティフローラ・アデノカエタ

（別名・ツクシイバラ）

Tsukushibara

直径約1cmほどのローズヒップは、リース作り等のクラフトに重宝です。

系統名 Sp　**咲き方** 小輪房咲きシングル咲き　**作出国** 日（発見）
作出年 1917年（発見）　**作出者** 無し

ロサ・ロクスブルギー・ノルマリス

（別名・ヒメサンショウバラ）

Rosa roxburghii normalis

洋梨の様な味と香りで中国では古くから漢方薬、お菓子、お茶等に加工。

系統名 Sp　**咲き方** 中輪シングル咲き　**作出国** 中国（発見）
作出年 無し　**作出者** 無し

ロサ・ルゴサ

（別名ハマナス、ハマナシ）

Rosa rugosa

2cm大にもなり、つるつるとして果肉も厚く扱いやすいので、調理するのに大変重宝です。　**系統名** Sp　**咲き方** 中輪シングル咲き　**作出国** 無し　**作出年** 無し
作出者 無し

ローズヒップいろいろ

ロサ・アルバ・セミプレナ

Rosa alba semiplena

白薔薇の祖で、今は失われてしまった「ロサ・アルバ」に最も近いと云われます。 系統名 A 咲き方 セミダブル咲き 作出国 不明 作出年 不明 作出者 不明

ロサ・カニーナ（別名・ドッグローズ）

Rosa canina

ローズヒップは、ローズヒップティーとして高い人気を誇ります。 系統名 Sp 咲き方 小輪房咲きシングル咲き 作出国 無し 作出年 無し 作出者 無し

ロサ・レヴィガータ（別名・ナニワイバラ）

Rosa laevigata

グリーンがかるクリーム色のローズヒップは、赤くならず落実してしまいます。 系統名 Sp 咲き方 大輪シングル咲き 作出国 無し 作出年 無し 作出者 無し

ロサ・バンクシアエ・ノルマリス

Rosa banksiae normalis

ロサ・キネンシス・スポンタネア

Rosa chinensis var. spontanea

ロサ・ガリカ・オフィキナリス

Rosa gallica officinalis

ロサ・ギガンティア

Rosa gigantea

ロサ・ムルティフローラ（別名・ノイバラ）

Rosa multiflora

column

2

棘は美しい

コモン・モス

Common Moss

ロサ・グラウカ・カルメネッタ

Rosa Glauca Carmenetta

アリスター・ステラ・グレイ

Mister Stella Gray

マリー・ヴァン・ウット

Marie Van Houtte

カザンラク

Kazanlik

ジ・ナン

Ji Nang

レッド・ウィング

Red Wing

クイーン・オブ・デンマーク

Queen of Denmark

ムスー・ドゥ・ジャポン

Mousseux du Japon

ロサ・スピノシシマ
Rosa Spinosissima

ロサ・ガリカ・
オフィキナリス
Rosa Gallica Officinalis

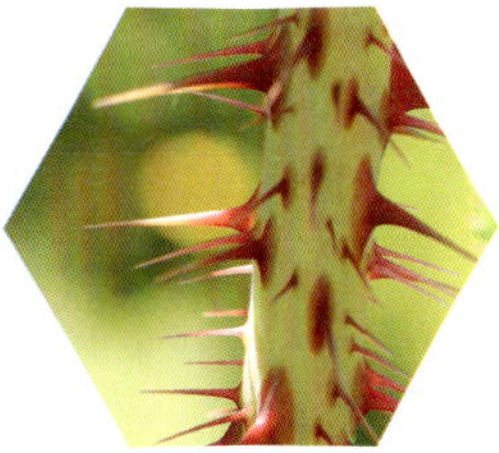

ロサ・アルカンサーナ
Rosa Arkansana

スタンウェル・
パーペチュアル
Stanwell Perpetual

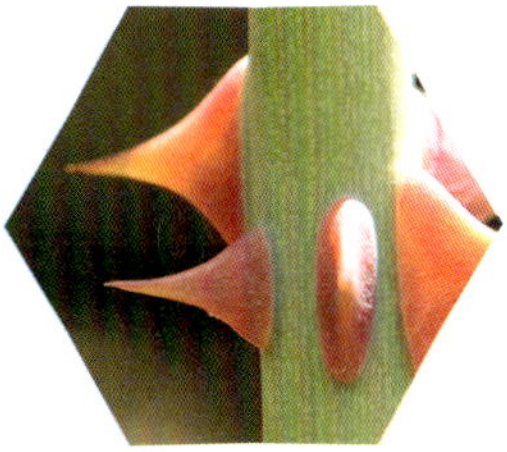

エアシャー・
スプレンデンス
Ayrshire Splendens

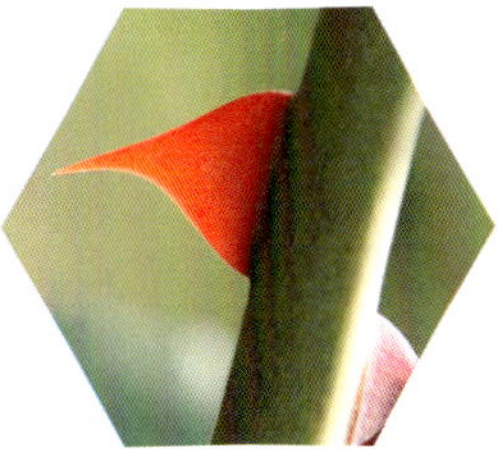

ロサ・ルガ
Rosa Ruga

ハマナス
Rosa Rugosa

サンショウバラ
Rosa Hirtula

ヨーク・アンド・
ランカスター
York and Lancaster

column

3

変わり種の薔薇たち

ベイシーズ・パープル・ローズ

Basye's Purple Rose

深い紫がかった紅色の花芯と小豆色の枝。

系統名 HRg　咲き方 シングル咲き　作出国 米　作出年 1968年　作出者 Dr. Robert E. Basye.

アディアンティフォリア

Adiantifolia

細くよじれた葉や、ナデシコの様な白花。

系統名 HRg　咲き方 7枚弁平咲き　作出国 不明　作出年 1907年　作出者 不明

アラン・ブランシャール

Alain Blanchard

赤紫の花弁に薄い紫の小さな斑点模様の花。

系統名 HGal　咲き方 セミダブル咲き　作出国 独　作出年 1839年　作出者 Vibert

ヘルシューレン

Verschuren

斑が入る美しい葉。　系統名 HT　咲き方 大輪丸弁抱え咲き　作出国 オランダ　作出年 1904年　作出者 Antoni Verschuren

スペックスイエロー
(別名:ゴールデン・セプター)

Spek's Yellow

高芯咲きから花弁が反る。　系統名 HT　咲き方 剣弁高芯咲き～オープン咲き　作出国 オランダ　作出年 1950年　作出者 Verschuren

斑入りテリハノイバラ
(別名:ロサ・ルキアエ・ヴァリエガータ)

Rosa luciae Variegatus

艶のある葉に斑が入り、白い可憐な花。

系統名 Sp　咲き方 小輪一重咲き　作出国 無し　作出年 無し　作出者 無し

story

3

薔薇と暮らして

薔薇が大好きだから、暮らしもすべてが薔薇づくし。
5月には、満開のお庭をご覧いただきたくて、
親しい人たちにお声かけして手作りの
スイーツやドリンクでガーデンパーティーを愉しみます。
薔薇染めやポプリ作りもこの時期ならではの手仕事です。
さらに薔薇好きが高じて、アンティークの花器やお皿、
薔薇の着物、古書といったコレクションも増え、
私の薔薇旅の楽しみの一つになりました。

Life with Rose

EAT

薔薇パーティー

待ちに待った薔薇の季節、ガーデンパーティーを楽しみます。

ゲストの皆様も薔薇の季節を楽しみに待っていて下さったよう。

パーティーの前日は、ローズシロップを作って準備しておきます。

風薫る5月、一年間かけてこつこつとお世話をしてきた薔薇たちがいっせいに花開き、一番輝く季節がやってきます。わずか2週間の間ですが、薔薇の香りや色、姿を、心ゆくまで堪能したいと思い、毎年、この季節になるとパーティーを開きます。そして、薔薇の開花を楽しみに待って下さっているゲストの皆様と、薔薇を愛でながら喜びを分かち合いたいと思います。

ローズシロップを炭酸水で割ったウェルカムドリンク。

薔薇の花色に無いブルーの食器（ティーウェア）で統一しました。ブルーは薔薇の花色をよりひき立ててくれて大活躍です。ピンクや黄色の薔薇、その両方とマッチするブルー&ホワイトの世界が広がります。

テーブルクロスを掛けて、庭からデルフィニュームをカットし、ゲストの皆様をお迎えする準備が整いました。

テーブルには、摘みたての薔薇を小さなグラスに活け、シュガークラフトで作った薔薇を飾ったケーキを中央にセッティングします。ピンクやオレンジ色の華やかな薔薇は、パーティーの小さな主役です。

薔薇の庭を野のフィールドに。ピクニック風に、イギリス製ピクニックバスケットを飾ってみました。

英国風のテーブルコーディネート。

Life with Rose
EAT

スイーツ

薔薇を味わう

薔薇は、無農薬や食しても安全な方法で育てられたものならば食べることは可能です。しかし、どの薔薇も同じように美味しく味わうことが出来るとは限りません。食用には、花弁が柔らかく、苦味や渋み、えぐみが少なく、香り豊かな薔薇を選びましょう。

薔薇ゼリー

食用になる品種、「食香ばら」を使用した簡単デザート。最後に煮立ってきたらレモン汁を加え、手早く粉ゼラチン5gを混ぜ、透明になったら火を止め、器に分け入れて冷やし固めます。

豊華2輪とマイカイ1輪。花弁をほぐして洗い、水気を取ります。

鍋に水300ccと花弁、砂糖大さじ3を入れて、かき混ぜながら中火にかけます。

煮立ってきたら弱火にして、鍋にアルミホイルをかけ約3分煮ます。蒸発を防ぎ、香りを閉じ込めることが大切。

クリスタライズドローズ

花弁一枚一枚をグラニュー糖で包めば、キラキラした素敵なお菓子が出来上がります。香り良く、中輪の整った花弁が、作りやすく美味しく出来上がります。完成したら、風通しの良い室内または冷蔵庫で、3日〜5日間パリッとするまで乾かし、保存する場合は、乾燥剤を入れた保存容器に入れ約3か月以内に食べきりましょう。

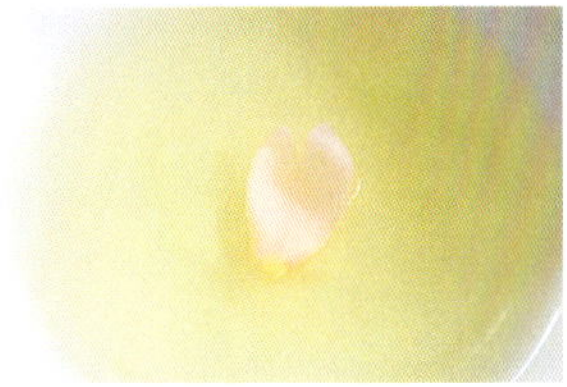

洗って水けを取った花弁（表・裏）に、レモン汁1を入れて混ぜた卵白を付けます。

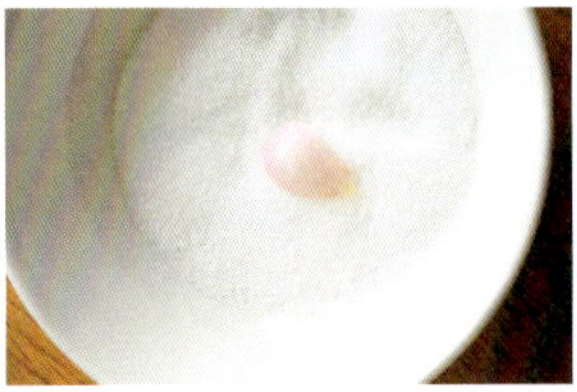

次に、グラニュー糖を（表・裏）にまぶします。

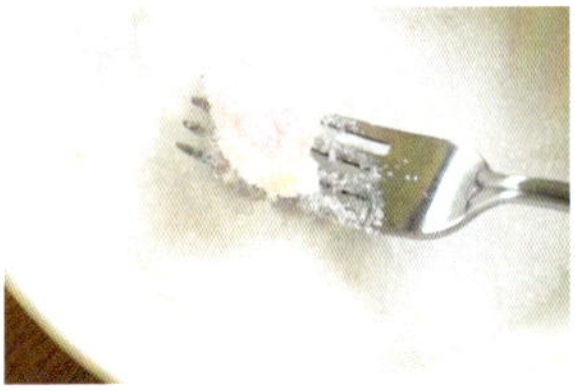

グラニュー糖を付けた花弁をフォークで取り、クッキングシートに花弁が重ならないよう並べます。

イートンメス

イギリスの名門イートン校に因んだデザート菓子です。ホイップクリームに焼きメレンゲ、イチゴを混ぜたシンプルなお菓子に、薔薇のジャムやシロップをかければ、ローズ味のイートンメスが出来上がります。

薔薇ジャム

「食香ばら」のような花弁が柔らかく、苦味や渋み、えぐみが少ない薔薇の花弁を3〜4輪、水1/2カップを鍋に入れ、約7〜8分中火で煮ながらアクを取り除きます。砂糖大さじ3、レモン汁小さじ1、ペクチン大さじ1を加え、更に2〜3分煮詰めてとろみが出てきたら火を止め、熱いうちに容器に移します。

フラワーケーキ

カップケーキ台の上に、バタークリームで象った薔薇を飾れば、オシャレで可愛いオリジナルケーキの出来上がりです。

薔薇のシフォンケーキ

花びらと薔薇のリキュールを生地に練りこむのがポイント。
材料:卵白M6個、卵黄M5個、グラニュー糖100g、薄力粉120g、ローズリキュール80cc、レモン汁小さじ2、サラダ油80cc、香りの良い薔薇の乾燥花びら8g。

あらかじめ作り置きしたローズリキュールを使用します。作り方は香りの良い花弁(生花)と氷砂糖、35度以上の焼酎を注ぐだけ。

無農薬の香りの良い、安全に育てた薔薇の乾燥花弁を用意します。

オーブンを180℃で予熱する。卵黄にグラニュー糖の半量を入れ、約1ヶ月以上保存したローズリキュール、レモン汁、サラダ油を加え、泡立器でよく混ぜます。

薔薇の乾燥花びらを加え、薄力粉を入れ、よく混ぜ合わせる。何も塗らない型に流し入れ、180度に熱したオーブンで約40分間焼きます。

卵白にグラニュー糖の半量を少しずつ分け入れ、ツノが立つまでしっかり泡立てる。ケーキが冷めたら、ホイップクリームを作り添えたり、デコレーションします。

薔薇のクッキー

薔薇型に絞ったクッキーは生地を絞り袋に入れ、「の」の字を描くように絞ります。170度のオーブンで14〜16分焼いて完成。

ドライの花弁を生地に練り込んだ薔薇の香りが微かに香るアイスボックスクッキー。生地の材料は、絞りのクッキーと同じ。

薔薇の ロールケーキ

材料

卵4個、グラニュー糖30g、小麦粉60g

作り方

1,卵、グラニュー糖をボールに入れ、小麦粉を入れゴムべらで混ぜ合わせる。2.角皿にクッキングシートを敷き生地を流し込み180度のオーブンで12分焼く。3.冷めたら、薔薇のジャムを混ぜたホイップクリームを塗ってローリング。4.仕上げに外側にもクリームを塗り、ドライの花弁を飾って完成。

アイシングクッキー

シュガーペースト、水、天然色素の色粉、アラザン、ドライの花弁を用意。

シュガーペーストをボールに入れ、少量の水でスプーンの背側で伸ばしこねる。

つのが出来、すぐ切れるのが線を引く堅さ。水を足し糸を引くのが中を塗る堅さ。

コロネに入れ先端にアイシング。花弁はハサミで大きさを整えてシュガーペーストをノリ代わりに付け、アラザンも同様に。

香りの良い赤く小さな花弁が使いやすいので、「マイカイ」「豊華」等が向いています。アイシングとは、主に砂糖や卵白を混ぜたものをケーキやクッキーにデコレーションすることです。正式には「ロイヤルアイシング」と呼ばれ、18世紀の英国王室で始められました。

アイシングするクッキーの作り方

材料

薄力粉200g、バター100g、砂糖80g、卵黄1個分、牛乳大さじ1、バニラエッセンス少々。

作り方

1.室温に戻したバターと砂糖、材料を入れてよく混ぜる。2.1に薄力粉を混ぜ合わせてめん棒で伸ばし形抜きする。3.2を天板に並べ、160度のオーブンで焼く。冷めてからアイシングする。

サラダ&ビネガー&リキュール

ローズリキュール

ローズリキュールを作っておけば、ケーキ作りの風味付けにとても重宝します。また、薔薇のカクテル作りやドリンク用等にも、活用できます。作り方は果実のリキュールと同じです。

容器の約2/3の量の香りの良い花弁(生花)と、容器の約1/4の量の氷砂糖、35度以上の焼酎を用意します。

容器に薔薇の花弁と氷砂糖を入れ、焼酎(適量)を注ぎます。約1ヶ月以上、冷暗所で保存して、こし器で花弁を取り除いて完成です。

薔薇サラダ

サラダに彩りとして、薔薇の生花や他のエディブルフラワーを飾るだけで、おもてなし料理に早変わりします。やはり、「食香ばら」等の生で美味しく頂ける薔薇の品種を選びましょう。見ているだけで心ときめく薔薇色のドレッシングをサラダに添えて、薔薇のお手入れで疲れた体と心をリフレッシュ。

薔薇のドレッシング

容器に薔薇の花弁、砂糖を入れ、お酢を注ぎ、一日置きます。

次の日、ボールにザルで花弁を取り除いた液に、調味料を混ぜ合わせてでき上がり。

「食香ばら」約5輪に砂糖やオリーブオイル、レモン汁、ハーブソルト、アップルビネガー等のツンとこない酢を使います。さっぱりした味わいでサラダにぴったり。ほんのり薔薇が香ります。

薔薇のあるクリスマス

冬は、まだ咲き残る薔薇の花と、春の薔薇たちが置いていってくれたルビーのようなローズヒップが楽しめる季節です。ローズヒップをあしらった可愛らしいクリスマス・アドベントリースと英国のクリスマスケーキ

キャンドルホルダーに季節の植物と共に、ローズヒップを飾って。

ドライの薔薇にスターアニスやジンジャー、マツボックリを合わせてクリスマスポプリ。

ローズヒップ・リース

ルビー色〜グリーンが混ざり、とても美しいローズヒップ・リースが出来上がりました。

「ロサ・ムルティフローラ・アデノカエタ」(Sp) 別名ツクシイバラのローズヒップです。

薔薇やローズヒップを活けてクリスマスアレンジメントを作りました。

ポプリ

モイストポプリ

摘みたての新鮮な薔薇やハーブの香りを天然の塩で閉じ込めた、見た目にも優しいポプリをモイストポプリと呼びます。

庭から、ダマスクの香り豊かな薔薇「ルイーズオジェ」と、カモミール、レモンバーム、ラベンダーを摘んできました。

天然塩にエッセンシャルオイルを数滴混ぜて、芳香を楽しみながら作っていきます。ガラスの容器に詰めて、このまま約1ヶ月間熟成させます。

容器から出してよく混ぜ合わせ、お皿に入れて、室内の芳香剤、またはバスタイムにも利用出来ます（バスタイムでの使用は、敏感肌の方はご使用をお控え下さい）。

ドライポプリ

香りの強い花弁を摘んでほぐし、軽く水洗いしよく水気を取ります。お盆の上にクッキングシートを敷き、花弁が重ならないよう、部屋干しします。

3〜7日間後、花弁がぱりっとしたら、ドライの出来上がりです。保存容器に乾燥材を入れて約1年間保存出来ます。

花弁をほぐさず、花の形をとどめたままドライさせたい時は、花を下に向けて吊るします。リラックス効果やリフレッシュ効果があります。

ポプリとは花や葉、ハーブ、スパイス、木の実、果実の皮等にエッセンシャルオイル等を混ぜ合わせて、容器に入れて熟成させ、芳香剤として部屋に置き、香りを楽しむものです。ドライの花弁やハーブ、エッセンシャルオイルを数滴入れてよく混ぜ合わせます。密封容器に3日ほど入れて、熟成させれば出来上がりです。

Life with Rose

HOBBY

薔薇染め

薔薇の天然色素を布に移し、それを身に纏うことはまさに薔薇を纏うこと。優しく薔薇色に染め上がったシルクのストールは、心も薔薇色に染まっていくようです。350mlの容器、この容器一杯分の赤色の薔薇の花弁、食酢、シルクのストールが材料になります。

赤い薔薇の色素を取り出す為に、身近な食酢を使用します。色は移ろいやすいですが、また染め直す楽しみも。食酢に一晩薔薇の花弁を漬けて、赤い液体を作ります。

一晩置いたら、花弁を取り除いて液体のみをボールにあけます。この時、手で花弁をよく絞り、赤い色素を少しでも多く出すようにしましょう。

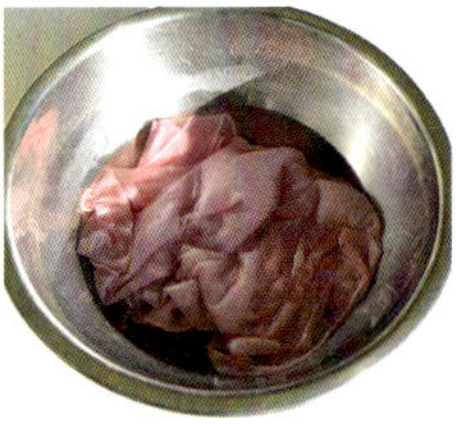

ボールの赤い液体の色を水で調節し、ストールを染めます。まんべんなくストールが液体に染み込むように、手で押します。

30分ほどおいてから水道水でよく洗い、陰干しします。

Life with Rose

HOBBY

キャンドル・ポーセリンアーツ

薔薇、ラベンダー等のドライを作っておきます。

乾燥ぎみの冬が、ドライ作りには最も適しています。

パラフィンワックス（ペレット状）を鍋に入れて、割りばしでかき混ぜながらこがさないよう、溶かしていきます。

ドライにしておいたバラやハーブをキャンドルの中に閉じ込めて作ります。ドライの薔薇やハーブ、牛乳パック、パラフィンワックス（ペレット状）をご用意ください。溶かしたパラフィンワックスを牛乳パック等に入れて、芯を最初に固め、その周囲にドライの花を入れていき、更にワックスを流し込んで完成です。

テーブルウェアを自身の描いた薔薇で、それも育てている薔薇だったら、どんなに素敵でしょう。薔薇を育てている方の多くは、よく見て観察されていらっしゃるので、美しい作品が出来るのではないでしょうか。

コレクション・着物

着物は時代を映す鏡、大正～昭和の戦前の着物に咲く、当時「洋の花」と呼ばれた「薔薇」を求めて集めました。そこに描かれた薔薇は、大切な資料なのです。戦火をくぐり私のもとへ。

「小豆地四季花文用正絹振袖」大正～昭和の戦前のものと思われるこちらの振袖は、まるでボタニカルアートのような写実的で美しい花々が活き活きと描かれています。

写実的に描かれた薔薇は、遠い時代の人々の夢と憧れ。

黒地に大胆なオレンジ～白のグラデーションの刺繍の薔薇が描かれた名古屋帯。

明治以降、外国から輸入された薔薇などの花々は「洋の花」として高い人気を得、徐々に庶民の手に届くようになりました。上の着物に描かれている薔薇、チューリップ、シクラメン、アネモネといった花々は、横浜の園芸会社により明治45年（１９１２）までには輸入され、着物の文様に登場したのは、輸入以後のことだと推測されます。美しい花々を忠実に着物に映した思いは、外国から来た新しい花々への興味と感心からだったのではないでしょうか。写実的で大きく描かれた「洋の花」に対して、日本古来の吉祥文様である梅や菊等が小さく描かれているのが対称的です。いつの時代でも最先端を行く若い女性の趣向やその時代背景が狭間見えます。

右・「赤地薔薇文様御召縮緬振袖」アール・デコ調にモダンな抽象美を表現した文様で、日本では大正の終わり頃からこの影響を受けた抽象的な文様の着物が表れました。着物に描かれた薔薇は、当時流行したステンドガラスのような簡素でパターン化された抽象的なデザイン。上・「紫地薔薇鈴蘭天竺牡丹文様金紗縮緬」アール・デコに対して、こちらはアール・ヌーヴォー調の流れる様な曲線の文様が魅力です。植物のモチーフと曲線が特徴で、日本へは明治の終わり頃から大正時代にかけて、逆輸入の形で流入。描かれている花々は、バラ、プリムラ、スズラン、そして当時「天竺牡丹」と呼ばれた「ダリア」です。

「銘仙の着物」は大正から昭和初期の若い女性たちが愛用した普段使いの着物です。100%の絹織物ですが、太い絹糸で織る為、大変丈夫でありながら、安価であった為、庶民の普段着からお洒落着まで、とても人気がありました。産地は、栃木県足利市、群馬県伊勢崎市と桐生市、埼玉県秩父市、東京都八王子市等です。経糸（たていと）と緯糸（よこいと）を故意にずらすことで、色の境界がぼける「絣（かすり）」という技法が当時大流行となりました。こちらの着物にも、大きく大胆な色彩の薔薇が描かれており、奥ゆかしい日本らしさとは異なる活力が感じられます。

コレクション・古書

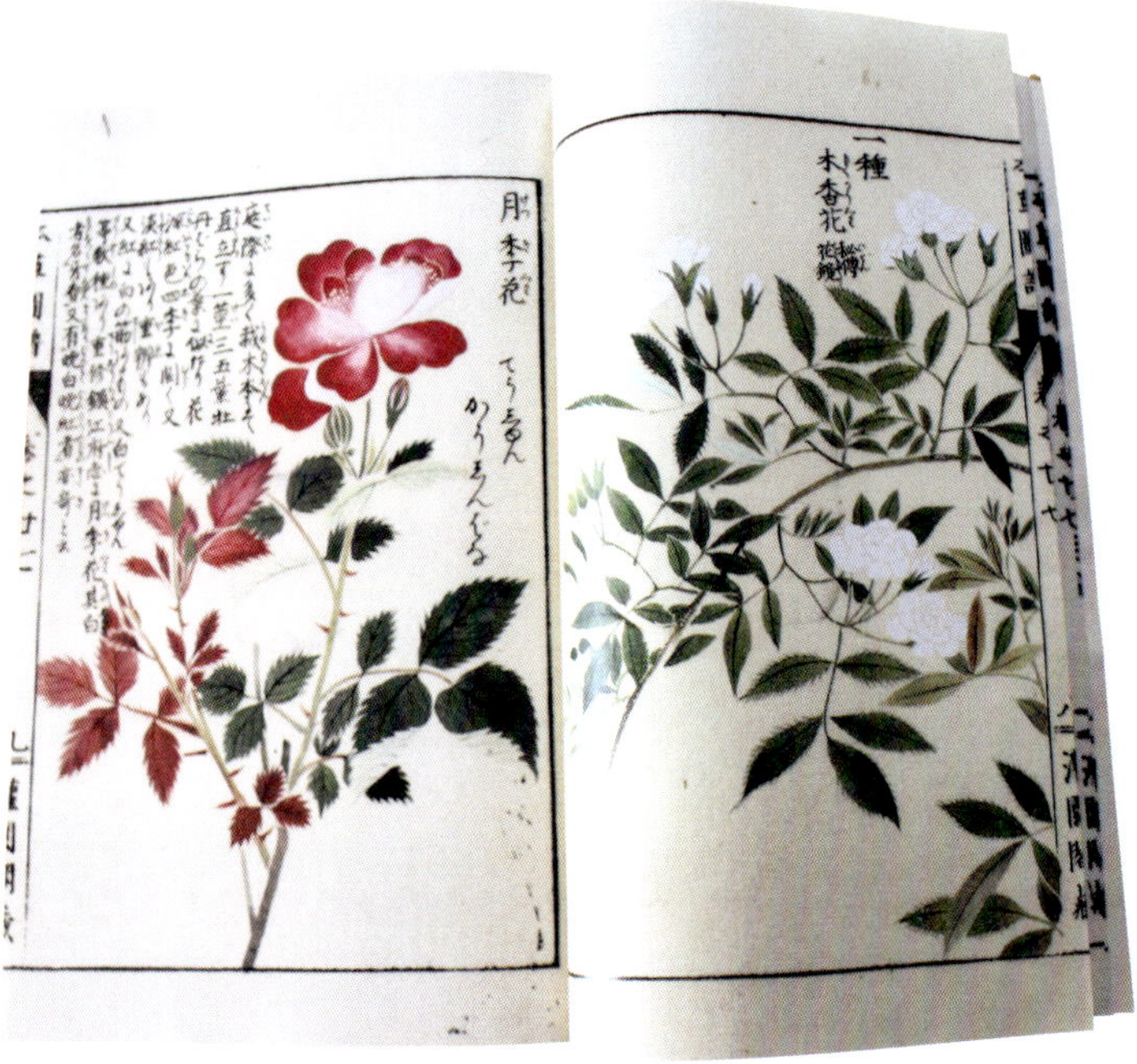

『本草図譜』蔓草27巻　の複製本。右は白モッコウバラ、左は月季花。
本草とは中国・伝統医学における薬草（物）に関する学問のこと。

日本で本格的な薔薇の園芸品種の栽培が始まったのは、明治6~7年頃で、政府が作った開拓使が36品種を米国から輸入したのが最初です。その苗を接ぎ木して民間に払い下げ、一般に広まっていきました。また、開港を機に、外国人が直接薔薇の苗を輸入し、居留地等で販売を始めたり、徐々に日本でも薔薇が普及します。当時の様子を詳しく知りたくて、明治初期や維新前の薔薇について書かれた書籍を少しずつ集めています

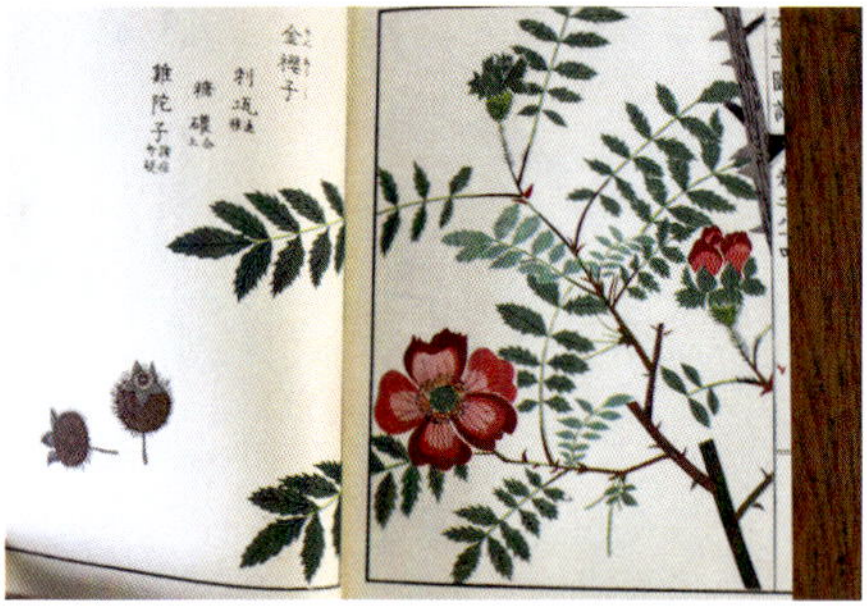

『本草図譜』灌木部　八十四巻
木版手彩色の複製。

江戸時代後期の本草学者・岩崎灌園著。本草学を小野蘭山に学び、文政元年（1818）、堀田正敦の命により、書き溜めた彩色図集「本草図説」63巻を幕府に呈した。これを元に、「本草綱目」の順に自ら描いた2000種の図を並べ、集大成した「本草図譜」96巻92冊を文政11年（1828年）に完成させる。

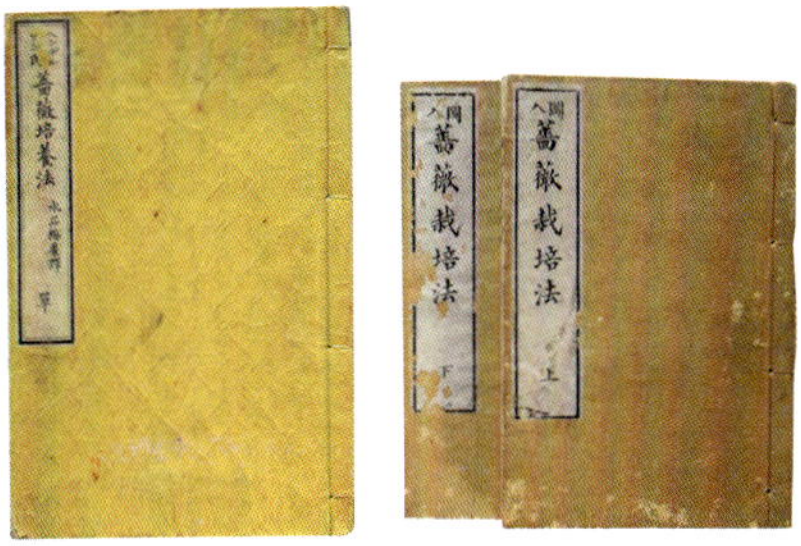

右『図入り薔薇栽培法　上下』、左は明治8年（1875年）7月発行の『ヘンデルソン氏薔薇培養法』ピーター・ヘンダーソン（米国）著、水品梅處 訳（開物社蔵）。ヘンデルソンは「園芸の父」とも呼ばれた人物。薔薇の栽培方法が中心で、挿し木や接芽での増殖法、根について、薔薇の冬の管理方法等詳しく記されています。

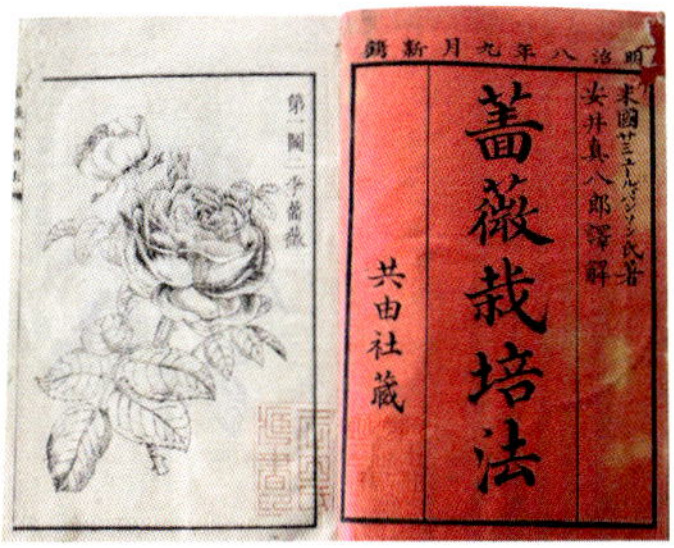

明治8年（1875年）9月発行の『図入り薔薇栽培法　上下』サミュエル・パーソン（米国）著、安井真八郎解　共由社蔵。著者はアメリカ人で、兄と共に園芸会社を設立し、果物や薔薇等の生産販売を行いながら薔薇の本を記しました。

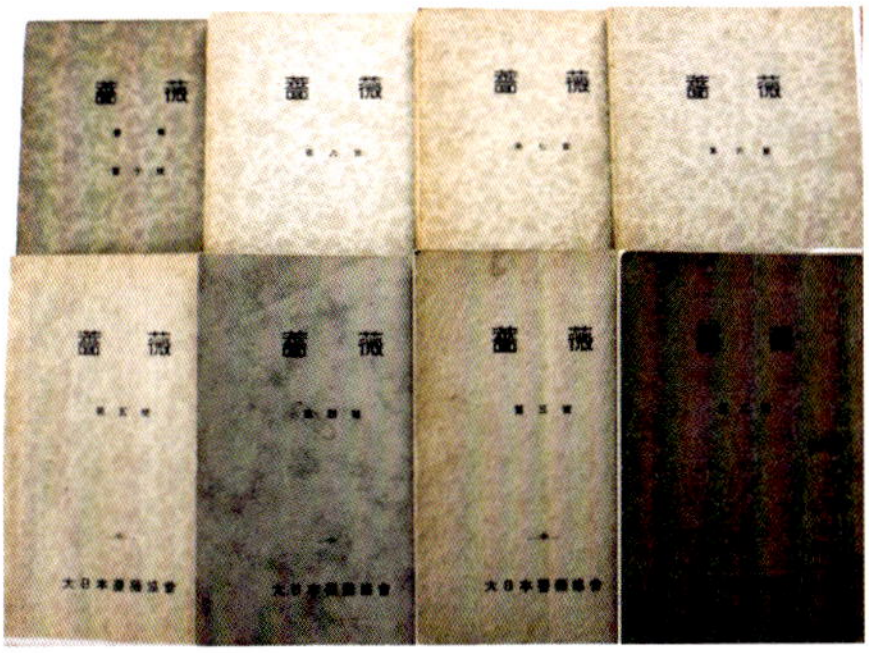

「大日本薔薇協会」の第2号～第10号の会報。昭和８年に関西で「大日本薔薇協会」が設立され、２年後には関東でも「帝国ばら協会」が設立されました。国内には当時の薔薇人気を物語るかのように関西、関東にそれぞれ薔薇の会があり活動が盛んでした。第10号には、近寄る戦火の非常時下に於いて、一輪の花を飾る「潤いのある人生」を願って投稿された名前が伏せられた記事に感銘を受けました。

「大正三年甲寅年略歴」。右側に太陽暦、中央には「神武天皇即位2574年」とあり、左は支那歴となっています。モダンローズらしき薔薇が、和服姿の女性の背景を飾っている暦（カレンダー）です。

明治35年（1902年）7月10日発行の『薔薇栽培新書』賀集久太郎遺稿、小山源治編集（京都　朝陽園）。植物分類学上の薔薇、日本産の薔薇、中国の薔薇、江戸時代の薔薇、維新後の薔薇、栽培法、漢詩や俳句、花言葉に至るまでバラエティーに富む内容です。「薔薇は文明の花なり」という言葉が印象的。

コレクション・花器

気がついたら、家の中は薔薇を飾る器で溢れていました。これらの多くはミルクピッチャーやシュガー入れ、クッキーボックスだったりしますが、アンティークの器は花器にするとクラシカルな薔薇とよく似合います。

ロイヤル・コペンハーゲン　丁抹

リモージュ　仏

スポード　英

アンティーク　仏

アンティーク　仏

アンティーク　英

アンティーク　日

エインズレイ　英

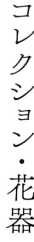

スポード　英

アンティーク・シルバー製　英

アンティーク　英

オールドノリタケ　日

エインズレイ　英

アンティーク　日

オールドノリタケ　日

アンティーク　英

コレクション・皿

薔薇のお皿を集めています。イギリスやフランスのアンティークのお皿もあれば、新しいものもあります。

お部屋に飾ったり、パーティーに活用したり。

時代を問わず、薔薇が描かれた器たちは、私の大切な宝物なのです。

バッキンガムパレス　英

オールドノリタケ　日

ヘレンド　洪

クラウン・ドゥカル　英

ヘレンド　洪

スポード　英

ヘレンド　洪

ドレスデン　独

ライシェンバッハ　独

ミントン　英

ロイヤル・アルバート　英

ミントン　英

ロイヤル・ウースター　英

リチャードジノリ　伊

不明　日

リモージュ　仏

column

4

薔薇の旅

薔薇には足があるわけではないですが、現在様々な場所でその姿を見ることができるようになりました。その理由のほとんどが薔薇への情熱により人々がバラを移動させ、増殖したり広めたりしたからに過ぎません。

それほど人々は遥か昔から薔薇に魅了され続けている訳ですが、なぜそこまで人は薔薇に惹きつけられるのか、その謎を知りたくて、私は5月の自宅の薔薇が終わった後、よく海外の薔薇園や薔薇と歴史の結びつきが深い場所等を訪ねています。それは、薔薇の背景に広がる壮大なストーリーを体現出来ることであり、とても勉強になり、また癒しにもなっています。

イギリスが誇る世界で最も有名なホワイトガーデンのある「シシングハースト・キャッスル&ガーデン」。

フランス北部に位置する画家アンリ・ル・シダネル縁りの薔薇の村「ジェルブロア」を訪ねて。

イタリアの歴史ある花の都「フィレンツェ」のボーボリー庭園の高台にある薔薇園からの眺め。

イギリスのグラハム・トーマスがオールドローズを集めた薔薇の聖地「モティスフォントアビー」。

ナポレオンの妃ジョセフィーヌが世界中から薔薇を集めたマルメゾン城。

「ポンペイ遺跡」から発掘された約2000年前の庭園の様子が描かれた壁画の一部が絵葉書に。薔薇が支柱に誘引されている。

story

4

薔薇を育てる

薔薇の庭づくりにはちょっとしたコツがあります。
薔薇の特性を活かした配置を考えたり、
薔薇そのものの色あわせや大きさ、
あわせるプランツを楽しむのも庭づくりの醍醐味です。
そして美しい薔薇たちが咲き終わると、
次の開花を夢見ながら、
除草や施肥、シュートピンチ、植え替えといった
地道な庭仕事がはじまります。

薔薇庭の一年

3・4月

新葉～蕾膨らむ季節

春は、芽吹きと共に始まり、徐々に大きく広がる新しい葉の生長に心躍る季節です。そして、小さな蕾が現れた時の嬉しさは言葉に言い表せないほどです。大切な葉や蕾を護る季節でもあります。

5月

薔薇が咲き誇り、最も輝く季節

薔薇がいっせいに咲きだし、庭中が薔薇の香りに包まれます。一年間の薔薇のお世話が報われる至福の季節です。この時期は、思う存分、花開いた薔薇を愛で、薔薇のある暮らしを謳歌しましょう。

6月

花が終わって、新しい始まりの季節

春のお花が一区切りついた時期、次に向かっての作業を開始する季節です。花殻や株元の草を取り除き、お礼肥を株元に施します。シュートピンチ、病害虫予防等も行います。

7・8月

暑さと薔薇の大敵、害虫が飛来する季節

梅雨明けと同時に、急な高温の季節となり、薔薇にも水分をしっかり与えましょう。また、害虫の飛来も多く見られ、病害虫予防に力を入れる季節です。シュートピンチや整枝を行い、風通しの良い環境を整えることが大切です。

薔薇は、本来数年に渡って生き続ける植物ですので、長い目で育てて行く覚悟が必要です。また、高温多湿～低温乾燥、四季のある日本ですので、その季節毎の作業を適切に行うことで、薔薇への負担を軽減したり、より良く薔薇が育つ環境を整えることも可能です。

最近では、病害虫に強く、以前と比べて育てやすい丈夫で樹勢の強い品種もたくさん増えてきました。工夫をまじえながら、適切な時期に適切な作業を行い、薔薇と上手に向き合いながら、薔薇のある暮らしを楽しんでいただきたいと思います。

また、Ｐ１２０に一年を通じた施肥のポイントの詳細をまとめましたので、合わせてご覧ください。

9月

薔薇の
夏バテ回復の季節

秋にまた美しい花を咲かせる為に、夏の暑さで弱った薔薇の体力を回復させる大切な季節です。上旬頃までに夏剪定を行い活力剤や栄養補給を施し、翌月の開花シーズンに備えます。

10・11月

秋薔薇開花の季節

春の陽気と違って、秋の薔薇は、ゆっくりと開花し、花期が少し長いのが特徴です。その間の気温の変化により、花色により一層深みがでて綺麗です。四季咲き性、返り咲き性のある秋の薔薇を心ゆくまで楽しみましょう。

12・1・2月

最も大切な冬のお手入れの季節

冬は、元肥、鉢の土替え、植え替え、植え付け、誘引、剪定、本剪定と、春やその後の薔薇の生育に関わる大切なお手入れを行う季節です。寒い中、薔薇としっかり向き合うことが大切です。

薔薇の庭づくり

元木邸

黄色やアプリコット、クリームやオレンジ、淡いピンク色の薔薇たちでまとめたコーナー。右から「ジェントル・ハーマイオニー」、「ゴールデン・ボーダー」、奥「パット・オースチン」、左「クロッカスローズ」等。

大輪のツルバラ「ピエール・ド・ロンサール」をメインに植栽した玄関前。その下の白い薔薇は、「プロスペリティ」。手前は小輪房咲きの「バレリーナ」等。

薔薇を始めて、約30年になります。その間、一度家を建て直し、ほとんどの薔薇をいったん鉢に移し、植え替えを行いました。その際、ランブラー系の薔薇やツルバラを這わす為に支柱のあるポーチを玄関前に作るなど、薔薇がその特性を伸びやかに発揮できるような空間作りを意識しました。

約250品種の薔薇たちがそれぞれ調和し合いながらもひき立て合う庭づくりを心がけてきました。例えば、同系食の薔薇を近くに植えて、自然とグラデーションに見えるような色の組み合わせ、また、奥に高くなる品種〜中間〜低い品種、横張り性の品種等の高低差を考慮した植栽、更に、大輪の薔薇と小輪の薔薇との組み合わせ等、花色と樹形、花の大きさ等を中心に考え、薔薇の庭作りをしてきました。

建て替えた新築当初の庭。薔薇を植え付けたばかりの頃です。薔薇を這わす為に、玄関前のポーチに支柱を計8本作りました。

築10年後くらいから、「ポールズ・ヒマラヤン・ムスク」がポーチの屋根を上り、2階の屋根まで届くようになりました。剪定を弱めに行ったことで、あっという間に、大きく育ってしまったのです。

神谷邸

イギリスから資材を輸入して建てた本格的な英国住宅の壁に這う「コンスタンススプライ」と手前のジギタリスが作る優しいピンクのグラデーションのコーナー。

まるでイギリスにいるような錯覚を覚える美しい庭園の一角に咲く「グラハム・トーマス」。

千葉邸

赤いバラ「フロレンティーナ」に、優しい花色のピンクの小輪「ポールズ・ヒマラヤン・ムスク」を合わせて。

玄関上にピエール・ドゥ・ロンサールを這わせます。

赤石邸

大きく育った手前の「ニュードーン」と、奥の「ポールズ・ヒマラヤン・ムスク」の遅咲きのバラ同士のコンビネーションが見事。

蔵野邸

センスの良い素敵なアイアンフェンスに咲くブラン・ピエール・ドゥ・ロンサール。

山脇邸

お庭の奥にスパニッシュ・ビューティー（左）とウィリアム・モリス（右）。

色あわせ

オレンジのバラに、白いバラ、シルバープランツや形状が美しい葉のプランツを合わせて。

淡いアプリコットピンクのバラに、紫のサルビア・ネモローサを合わせて。

白いツルバラに紫のクレマチスを合わせてお互いをより引き立てます。

薔薇のある庭造りで一番心掛けたいことは、せっかく咲かせた薔薇たちが、それぞれ美しく見えて、しかも周囲と調和していることです。この理想を叶えるには、カラースキームを考えることです。

カラースキームとは色彩計画のことですが、具体的には始めにどんな雰囲気、目的の庭にするかを決め、それに合った色彩のプランツを決めて行きます。その際便利なのが、色相環《しきそうかん》です。色相環上で、対角にある、向かい合う位置の色を〝補色〟といい、その色同士を隣にして組み合わせると、お互いを引き立て合う色あわせとなります。同系色を隣にしてみると、柔らかいグラデーションのような落ちついた雰囲気になります。色あわせの勉強に、実際のガーデンを見に行くことも大切です。

白いバラのウィンチェスター・キャシードラルの足元に、青いデルフィニュームとラムズイヤーのシルバーリーフが爽やかな組み合わせ。

ハーロウ・カーとカンパニュラの配色による組み合わせです。

淡い黄色のシャーロット・オースチンに補色の青いホタルブクロを配置しています。

薔薇にあうプランツ

アンゲロニア
5月～10月まで繰り返し咲き、薔薇とちょうど開花シーズンが一緒です。草丈20～50ｃｍ。

フォックスグローヴ
フォックスグローヴのリズム感のあるすっと伸びた縦のラインが、縦の空間を広げてくれます。

シロタエギク
シルバープランツは、周囲を明るくしつつもシックで落ちついた雰囲気にしてくれるマジックプランツです。

フウロソウ
日陰でも大丈夫な、薔薇の足元にちょうど良い高さの低いプランツです。

ガウラ
蝶のような花型をしたガウラは、たくさん咲いても、薔薇の存在感を引き立ててくれます。

ジギタリス
ジギタリスの様な縦のラインが出るプランツは、薔薇の近くに植えることでメリハリが付いて見えます。

オルレヤ
どんな花色の薔薇とも似合う白いオルレヤは、とても重宝なプランツです。

薔薇は単体でも美しいですが、様々なプランツと組み合わせて、自然で心地良いイングリッシュガーデンの様な庭造りをしてみたいものです。

ここでは、薔薇に合うプランツをご紹介させて頂きます。すらりとした穂状の花や極小輪の花、カラープランツ等がお薦めです。薔薇の花色をよく見て、似合うプランツを探しましょう。

コンパニオンプランツ

私の庭ではハーブなどのコンパニオンプランツをたくさん活用しています。写真には写っていませんが、今までで一番、コンパニオンプランツとして優秀だと思ったのはサントリーナです。サントリーナの香りは、虫を寄せ付けないようにするのか、バラに寄ってくる害虫が減ったことを実感しました。

レディ・エマ・ハミルトンの鉢の前には、ヤロウを植えていますが、薔薇は調子良く育っています。ペニーロイヤルミントなども爽やかな芳香でグランドカバーや虫よけにもなります。

鉢の表面に直接夏の強い陽射しが当たらないよう、鉢の周囲にブラックペパーミントを植えています。薔薇の花が咲いていない時でも、ブラックペパーミントやハーブの香りに癒されます。

鉢を2段にして、上の鉢には薔薇の新苗、下の鉢にはハーブのローズマリーとシルバータイムを植えて、病害虫予防。ハーブの香りが虫を寄せ付けないのか、害虫の被害は少なくなります。

コンパニオンプランツとは、近くに植えることで、お互いがより良く成長し合うことが出来るプランツ同士のことをいいます。薔薇のコンパニオンプランツとは、薔薇に付きやすい虫を付きにくくしてくれるとか、病気になりにくくしてくれる等、予防が期待できるプランツのことを指し、主にハーブです。

私は薔薇を育てて楽しむだけでなく、薔薇を飲食に利用したり、暮らしの中で活用していきたいと思っておりますので、なるべく化学殺虫剤や農薬は使用したくありません。少しでも病害虫予防に繋がることは試していきたいと思っています。

植物の配慮だけでなく、例えば鉢の2段重ねをしています。2段にしてハーブから薔薇の根を護ることも大切です。

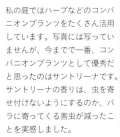

剪定・花殻摘み・芽かき・シュートピンチ

剪定や花殻摘みといった作業は、不可欠です。ぜひ、よく切れる剪定鋏をご用意下さい（芽かき・シュートピンチは手で行います）。

剪定：株の大きさにもよりますが、基本的に、冬剪定は、HTなら1/2、シュラブローズやフロリバンダ、ミニバラなら、1/3の枝をカットします。夏剪定は、基本的にはそれより高い位置でカットします。

花殻摘み：咲き終えた花をカットする時に、花の下の5枚葉または7枚葉の本葉の外芽の上でカットします。

芽かき：春は新芽がたくさん出てきますが、よく見ると、ブラインドといって、花芽がなくいつまでも葉のままの芽があります。また、同じ所からいくつも芽が出てしまった場合等、良い芽を残して、他の芽を取り除くことを芽かきと云います。この作業では鋏は使わず、手で取ります。

薔薇の剪定は、主に冬と夏の本剪定がありますが、それ以外でも、枝が混み合っていたり、暴れていたり、枯れていたり、また、ふところ枝といって株の内側に向かって伸びてしまった枝等は、早めに処理を行い、風通しを心がけましょう。ツルバラ以外の薔薇で、5月末から6月頃に出たシュートは、下から葉を数えて6~8枚の上でピンチ（手で摘み取る）します。これは、シュートにばかり栄養を取られないで、他の枝にも栄養を分散する為に行います。これを2、3回行い、夏剪定をおえると、秋に良い花が見られます。

　また、花殻摘みは、秋にローズヒップを楽しむ場合以外は、花が咲き終わればそのままにせず、こまめに花殻を摘むように心がけます。なぜなら、灰色カビ病が発生し、枝や葉、新しい花に影響が出てしまうからです。房咲きの花殻は、一輪ずつ咲き殻をカットし、それ以外は、花の下の5枚葉や7枚葉の本葉（外芽）の上でカットします。それにより、次の花の上がりが良くなります。

冬剪定の例

冬に誘引した枝から、新芽が出て、新葉が徐々に大きく育っていきます。不必要な芽を取って、風通しよく育てることが病気の予防に繋がります。

植え替えと植え付け

鉢に植えてある薔薇の苗を、別な鉢植えや地植えにすることは1年中出来ますが、地植えの薔薇を植え替えることは、冬にしか出来ません。そのくらい、薔薇は、冬以外、根が切れるのを嫌がります。それは、根の先端の部分に「根冠」という水分や栄養分を吸収する大切な場所があり、冬の休眠期以外にその場所が切れて無くなってしまうと、水分も栄養分も吸収出来なくなってしまうからです。

高温で焼いた粒状の木炭です。多孔質で、水はけが良いのに、水持ちも良く、鉢底に入れたり、用土に少し混ぜると根張りがとても良くなります。入れ過ぎはアルカリ性に傾き逆効果となる場合があります。

地植え用土
(深さ直径　約50cm穴)

掘り上げた土の中から適量の土+完熟堆肥バケツ1杯+燻炭または炭の小粒1ℓ+骨粉500g+油粕300gを混ぜ合わせます。
※油かすと骨粉の替わりに、発酵済み有機質肥料（バイオゴールド　クラシック元肥400g）でも良い。

鉢植え用土 (8〜9号)

赤玉小粒6〜7:完熟堆肥4〜3:炭小粒一握りの割合の用土に、発酵済み有機質肥料（バイオゴールドクラシック元肥100g）をよく混ぜ合わせます。

※鉢植え用土の中に、肥料を入れる場合は、発酵済み有機質肥料に限ります。それ以外の有機質肥料、化学肥料を入れると根が傷み、枯れる場合があります。鉢底には、炭小粒を約4cmの高さに敷き詰めます。

コガネムシは、夏に成虫が飛来して交尾し、鉢の用土の中に卵を産み付けます。卵からかえった幼虫は、薔薇の根を食害してしまいますので、みつけたら必ず駆除しましょう。

鉢植えの用土は、年1回、冬の間に土替えを行い、写真のようなコガネムシの幼虫がいないか、癌腫病がないか等、チェックしましょう。

鉢底に炭小粒を入れると、根張りがとてもよくなり、株も充実します。

薔薇に集まる虫たち

ゴマダラカミキリムシ、コガネムシ、カナブン、ハナモグリ、チュウレンジハバチ、バラゾウムシ、ハダニ、シャクトリムシ、バラクキバチ、ハキリバチ、アブラムシは要注意で、見つけ次第駆除します。

　アブラムシを食べてくれるヒラタアブやテントウムシ、クサカゲロウ、ハダニを食べてくれるカブリダニ、虫全般を食べてくれるアマガエル、カマキリ、クモ等は益虫です。

ゴマダラカミキリムシ

マメコガネ

ヨツスジカミキリムシ

施肥のポイント

薔薇を育てるのに
外せないのが施肥です。ここでは、
施肥のポイントについて説明します。
P110の薔薇庭の一年と
連動しています。

施肥の時期

1月〜2月	A冬の元肥　1年分の栄養
3月上旬〜蕾が色付くまで	B春の追肥　2週間に1度
蕾が色付く〜開花期	与えない
6月上旬	Cお礼肥
7月	Cお礼肥
8月下旬〜9月上旬	Cお礼肥
9月上旬〜蕾が色付くまで	B'秋の追肥　2週間に1度
蕾が色付く〜開花期	与えない

A冬の元肥：
完熟堆肥バケツ1杯、燻炭または炭の小粒1ℓ、骨粉500g、油粕300g{油かすと骨粉の替わりに、発酵済み有機質肥料バイオゴールド　クラシック元肥（株タクト）を約400gでも良い。}
注・鉢植えの用土の中に使用する元肥は、完熟堆肥と燻炭かたは炭の小粒、そして発酵済み有機質肥料に限る。

B春の追肥：
リン酸分の多い液肥または固形肥料

Cお礼肥
シュートを出す為でもあるので、N、P、Kの成分のバランスが良い肥料

B'秋の追肥
リン酸分の多い液肥または固形肥料

施肥のポイント

肥料の三大栄養素、チッ素（N）、リン酸（P）、カリ（K）の用途、目的、バランスを考える必要があります。

N：（チッソは主に葉や枝の肥料）、
P：（リン酸は主に花や実の肥料）
K：（カリは主に根の肥料）

story 5

薔薇のひみつ

薔薇に纏わる様々な情報が飛び交う現代、
それは、今も多くの人々の心を惹きつけている証です。
栄誉殿堂入りした薔薇、そしてこれからも、
心を惹きつけられる新しい薔薇が
次々に誕生していくことでしょう。
そんな薔薇のひみつを紐解く
キーワードを散りばめました。

薔薇のQ&A

Q.1 切った薔薇を長持ちさせる方法は？

A.1 水の中でハサミでスパッと斜めにカットし、切り口の表面から水をたくさん吸い上げられるようにします。元気がなくなってきたら、また同じようにカットします。

Q.2 薔薇に名札は必要？

A.2 薔薇の品種名が書かれた名札はとても必要です。もし名札が無いと、品種名だけでなく、系統や樹形、花色、花型、香り等の正確な情報が解らなくなってしまいます。

Q.3 苗はどこで買うの？

A.3 一番良いのは、実際に苗を見て良い苗を選んで買うことですが、近くにお店がない場合は、信頼のおける薔薇苗業者からインターネット等でも購入が可能です。Ｐ１２４参照。

Q.4 世界で一番長生きしている薔薇は？

A.4 ドイツ北部のヒルデスハイムという町にあるミカエル教会の庭には、西暦８１５年に植えられたと伝わる樹齢１２００年以上の世界最古の薔薇が、現在も生き続けています。

Q.5 世界最大級の薔薇園は？

A.5

世界最大級の呼び声が高い薔薇園は、岐阜県可児市にある「花フェスタ記念公園」。全体で約80・7haあり、約7000品種、3万株の規模です。

Q.6 日本人が憧れる世界の薔薇の谷ってどこ？

A.6

ローズオイルが世界生産量の80%を占めるブルガリアのバルカン山脈とスレドナゴラ山脈に挟まれた地域を「薔薇の谷」と呼び、街の中心「カザンラク」が薔薇の名前にも。

Q.7 薔薇は一度植えた所では育たないの？

A.7

薔薇は一度植えた同じ場所に植えると育ちにくくなり、このことを「忌地現象」と呼んでいます。同じ場所に植える時は、古い土をシャベルで取り除き、新しい土に入れ替えて植える必要があります。

語りつくせなかった　ひみつの薔薇

ロサ・フェティダ・ペルシアーナ

Rosa foetida persiana

ハイブリッド・ティー・ローズの黄色花の第1号「ソレイユドール」の親になった品種。フェティダは悪臭があるという意味で、青臭い独特な香り。　系統名 Sp　咲き方 カップ〜クオーターロゼット咲き　作出国 中近東（発見）　作出年 1837年（発見）　作出者 無し

ヴィリディフローラ

Viridiflora

別名グリーンローズ。完全四季咲き性で、緑の菊のような花をたくさん咲かせます。ひとつの花の花弁は約100枚あり、緑色から徐々に赤褐色を帯びます。系統名 Sp　咲き方 小輪菊咲き　作出国 米（発見）　作出年 1827年（発見）　作出者 John Smith（発見）

エキサイティング・メイアン

Exiting Meilland

花の中から花が飛び出す性質「プロリフェラ」を固定化させた品種で、発表されて以来、切り花用品種として流通しています。インパクトのある薔薇。　系統名 HT　咲き方 プロリフェラ 作出国 仏　作出年 2012年　作出者 Meilland

エリドゥ・バビロン

Eridu Babylon

古代都市バビロンの名が付き、中近東の高温乾燥砂漠地帯で年1回のみ花咲く「ロサ・ペルシカ」の血を引き、花弁の中心に目の様な赤いブロッチが見られます。　系統名 S　咲き方 シングル咲き　作出国 和蘭　作出年 2008年　作出者 Interplant

著者が教える、とっておきの薔薇園

東京都立神代植物公園
東京都調布市深大寺元町 5-31-10

花菜ガーデン
神奈川県平塚市寺田縄496-1

川崎生田緑地ばら苑
神奈川県川崎市多摩区長尾2-8-1

佐倉草笛の丘バラ園
千葉県佐倉市飯野820

京成バラ園
千葉県八千代市大和田新田 755

デビッド・オースチンENG. R. G
大阪府泉南市幡代 2001

国営越後丘陵公園
新潟県長岡市 宮本東方町字三ツ又1950-1

横浜イングリッシュガーデン
神奈川県横浜市西区西平沼町6-1
tvk ecom park内

ローザンベリー多和田
滋賀県米原市 多和田605-10

ハウステンボス
長崎県佐世保市ハウステンボス町1-1

お薦めのバラ苗通販サイト
京阪園芸ガーデナーズwebショップ
京成バラ園芸ネット通販
バラの家（バラ苗専門店）通販
デビッド・オースチン・ロージス公式サイトバラ苗通販
サカタのタネ園芸通信オンラインショップ
公益財団日本ばら会会員創出花通信販売

column

5

栄誉殿堂入りの薔薇

オールドローズの部門

2018年　第18回　デンマークコペンハーグ大会「ロサ・バンクシアエ・ルテア（キモッコウバラ）」（Sp）
2015年　第17回　フランス　リヨン大会「シャルル・ドゥ・ミル」（G）
2012年　第16回　南アフリカ　ヨハネスブルグ大会「ムタビリス」（Ch）
2012年　第16回　南アフリカ　ヨハネスブルグ大会「ロサ・ガリカ・オフィキナリス」（G）
2009年　第15回　カナダ　バンクーバー大会「ロサ・ムンディ」（G）
2006年　第14回　日本　大阪大会「マダム・アルディ」（D）
2003年　第13回　イギリス　グラスゴー大会「マダム・アルフレッド・キャリエール」（N）
2000年　第12回　アメリカ　ヒューストン大会「グルース・アン・テプリッツ」（Ch）
「スーヴニール・ドゥ・ラ・マルメゾン」（B）　独自選考
「オールド・ブラッシュ」（Ch）　〃
「グロワール・ドゥ・ディジョン」（N）　〃
「セシル・ブレンネ」（Pol）　〃

モダンローズの部門

2018年　第18回　デンマーク　コペンハーゲン大会「ノックアウト」フランス　メイアン作出
2015年　第17回　フランス　リヨン大会「カクテル」フランス　メイアン作出
2012年　第16回　南アフリカ　ヨハネスブルグ大会「サリー・ホームズ」イギリス　ホームズ作出
2009年　第15回　カナダ　バンクーバー大会「グラハム・トーマス」イギリス　オースチン作出
2006年　第14回　日本　大阪大会「ピエール・ドゥ・ロンサール」フランス　メイアン作出
2006年　第14回　日本　大阪大会「エリナ」イギリス　ディクソン作出
2003年　第13回　イギリス　グラスゴー大会「ボニカ'82」フランス　メイアン作出
2000年　第12回　アメリカ　ヒューストン大会「イングリット・バーグマン」デンマークポールセン作出
1997年　第11回　ベネルクス三国大会「ニュー・ドーン」アメリカ　ドリール作出
1994年　第10回　ニュージーランド　クライストチャーチ大会「ジャスト　ジョーイ」イギリス
カント作出
1991年　第9回　イギリス　ベルファースト大会「パスカリ」ベルギー　レンズ作出
1988年　第8回　オーストラリア　シドニー大会「パパ・メイアン」フランス　メイアン作出
1985年　第7回　カナダ　トロント大会「ダブル・ディライト」アメリカ　スイム作出
1983年　第6回　ドイツ　バーデンバーデン大会「アイスバーグ」（シュネービッチェン）ドイツ
コルデス作出
1981年　第5回　イスラエル　エルサレム大会「フレグラント・クラウド」（ドゥフト・ボルケ）ドイツ
タンタウ作出
1979年　第4回　南アフリカ　プレトリア大会「クイーン・エリザベス」アメリカ　ラマーツ作出
1976年　第3回　イギリス　オックスフォード大会「ピース」フランス　メイアン作出

1. マダム・アルフレッド・キャリエール（オールド）　2. オールド・ブラッシュ（オールド）　3. ロサ・ガリカ・オフィキナリス（オールド）　4. アイスバーグ（モダン）　5. ニュー・ドーン（モダン）　6. ピエール・ドゥ・ロンサール（モダン）

＊殿堂入りの薔薇とは、世界バラ会連合が、3年に1回開催する「世界バラ会議」において選出された栄誉ある薔薇です。

おわりに

現在、薔薇を利用したフレグランス製品はもちろんのこと、スキンケア用の化粧品やお菓子といった様々な商品があっという間に溢れた時代になりました。安価なものから高価なものまで様々で、原料に関しても天然のものから化学合成のものまで様々です。若い世代の人たちは、実際の植物の薔薇と出会う前に、商品化された薔薇と出会う機会が溢れた世の中となりました。本物の薔薇の香りを嗅いで、化粧品の臭いがすると仰る人も現れる等、一見世の中には薔薇が溢れているように見えても、本物の薔薇を知らない人が増えてきているように思えてなりません。ぜひ、本物の生きた薔薇を育てて、薔薇とたくさん触れ合う時間をもって頂きたいと思います。きっと想像を超えて、薔薇は様々なことを教えてくれることでしょう。薔薇のある暮らしは、奥深い薔薇の世界を知ることであり、心を豊かに導いてくれることと思います。

今回、こちらの本の出版にあたり、２年に渡って我が家の薔薇を撮りに来て下さったカメラマンの大作晃一さん、また、適格なアドバイスで編集を進めて下さった藤井文子さん、そして、様々なかたちで支えて下さった皆様には、この場をお借りして、心より感謝の意を表したいと存じます。

２０１８年７月　２年後に区画整理を控えた自宅の庭にて

元木はるみ

索引

STAFF

文　元木はるみ（もとき はるみ）

薔薇文化と育成方法研究家。薔薇歴約30年。薔薇を暮らしに活用する方法とその為の育て方、歴史や文化、その他薔薇に関する様々なことをカルチャースクールやイベントセミナー等で紹介している。薔薇のある心豊かな暮らし「ローズライフ」のスペシャリスト「ローズライフコーディネーター」の育成にも力を注ぎ、2013年より「日本ローズライフコーディネーター協会」(JRLC) 代表。

薔薇の写真　大作晃一（おおさく こういち）

自然写真家。きのこや植物などをテーマに撮影し、関連の著書を多数出版。美しい写真だけではなく、近年では専用機材を用いた深度合成写真など表現の幅を広げている。近著に『美しき小さな雑草の図鑑』(山と溪谷社)。

参考文献

『新・薔薇大図鑑2200』山と溪谷社／『魅惑のオールドローズ図鑑』御巫由紀監修・文、大作晃一写真　世界文化社／『ばら花図譜国際版』鈴木省三著　小学館／『つるバラとオールドローズ』高木絢子著　主婦の友社／『アフターガーデニングを楽しむバラ庭づくり』　家の光協会

御協力者

(株)Flos Orientalium(フロスオリエンタリウム)　代表　浦辺苳子

Design Team Liviu 石畑真有美・葛西知子

Beau & Bon主宰 多賀谷まり子

Antiques Violetta 代表 青山櫻

洋菓子教室サロンドマリー 代表 横井満里代

ポーセリンペインティング教室atelier HAZEL 主宰 山村晃子

南町田のお菓子教室Sakura bloom 主宰 長嶋清美

Tea Mie 主宰 坂井みさき

装丁・本文デザイン	岡 睦、更科絵美（mocha design)、野村彩子
イラスト	コーチはじめ
写真・画像提供	（薔薇の花、スイーツ、コレクションなど）　元木はるみ
協力	川崎生田緑地ばら苑、佐倉草笛の丘バラ園、京成バラ園 キングスウェル、飯塚園芸@アトリエOhana
編集	藤井文子

ときめく薔薇図鑑

2018年9月25日　初版第1刷発行

著者　元木はるみ　大作晃一

発行人　川崎深雪

発行所　株式会社 山と溪谷社

〒101-0051　東京都千代田区神田神保町1丁目105番地

http://www.yamakei.co.jp/

印刷・製本　大日本印刷株式会社

●乱丁・落丁のお問合せ先

山と溪谷社自動応答サービス　TEL.03-6837-5018

受付時間／10:00-12:00、13:00-17:30（土日、祝祭日を除く）

●内容に関するお問合せ先

山と溪谷社

TEL.03-6744-1900（代表）

●書店・取次様からのお問合せ先

山と溪谷社受注センター

TEL.03-6744-1919　FAX.03-6744-1927

＊定価はカバーに表示してあります。

＊乱丁・落丁などの不良品は、送料当社負担でお取り替えいたします。

Printed in Japan

ISBN978-4-635-20242-8